BOOK
天下图书
数学小侦探 4
帽子村的嘉年华会
著
刘俊良 绘
重庆出版集团 重庆出版社

目录

人物介绍

警长：

TOP警局的警长，数学奇烂无比，总是以直觉思考问题，加上对美食与玩乐没有抵抗力，因此常常让案情陷入胶着状态。

副警长：

TOP警局的副警长 —— 郝美丽，才貌双全，十分的机智，是总局派来协助警长的好帮手，也是警局内的“万人迷”。

HOW博士：

TOP警局的顾问，博学多闻，总是能以清晰的推理与丰富的数学知识，帮助警长厘清案情，找出真正的作案人。

自己决定售价

TOP奶茶店在做活动，芋香奶绿的售价可以自己定！
哈哈！我买芋香奶绿省了7元。
真像警长的作风啊！
我还以为警长只会买1元的特价品。
我才不是贪小便宜的人，我是凭聪明的脑袋省钱。
买饮料和脑袋有什么关系？
因为售价不全是自己定，要按店家的规则计算。
芋香奶绿一杯定价35元，少花7元，就是28元。和我买的价钱一样啊！
真巧，我也是28元。

芋香奶绿

依照以下规则，自己决定售价：

①将数字8拆成两个和为8的正整数，再把这两个正整数相乘，得到第一个乘积。

②把这两个正整数再按①的方式分别拆成两个正整数，并使它们两两分别相乘，又可得到两个乘积。

③依此类推，直到每个数字都是1为止。

④将得到的各乘积相加，和的数字就是这杯芋香奶绿的售价。

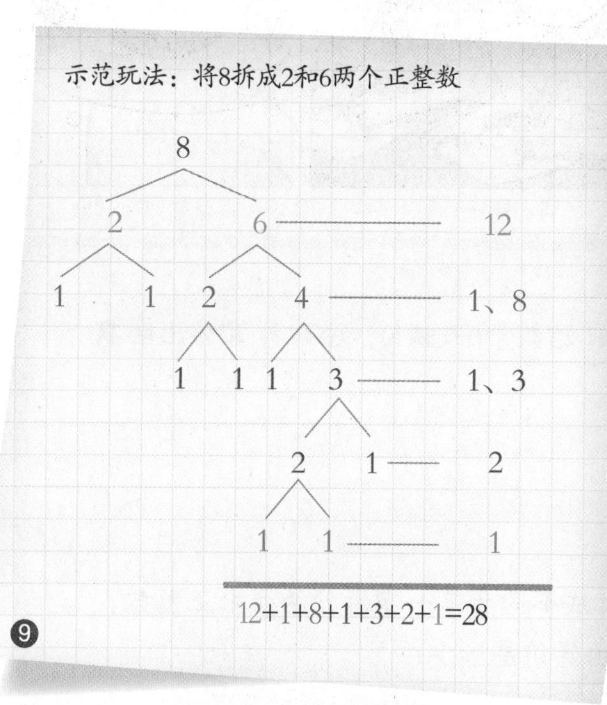

28元的芋香奶绿

TOP奶茶店做活动，按照老板给的规则，顾客自己决定芋香奶绿的售价。大家买到的奶绿价格都是28元，究竟是怎么回事呢？

❶ 将规则中的起始数字8改成10，由此计算得出的售价是多少？

❷ 将数字10再拆成不同于第一次拆分的两个正整数，计算得出来的售价是多少？

❸ 两次计算的结果一样吗？

谜题大公开

其实这类计算题的答案和起始数字有关。不用一个数字一个数字拆开，也能算出答案，你看出来了吗？起始数字可以换成任何正整数。假如起始数字是 n（$n>1$），得到的结果就是〔$n\times(n-1)$〕$\div 2$；起始数字若是1，结果就是1；以游戏中的6、7、8、9、10五个数字为例（如右表）。

起始数字	乘数和
6	15=(6×5)÷2
7	21=(7×6)÷2
8	28=(8×7)÷2
9	36=(9×8)÷2
10	45=(10×9)÷2

解答：❶ 45。❷ 45。❸ 一样。

藏在魔术里的数学

我们找到你遗失的魔术道具了。
太好了，这省了我很多麻烦！为了感谢大家，我来表演一个魔术。
可以请警长、副警长和我一起玩扑克牌游戏吗？
好呀，我还没跟魔术师合作过呢！
我手上这副是全新的扑克牌，现在我将两张鬼牌插进不同的位置。
帅哥，请从我手中拿走一沓扑克牌。拿的张数不能超过18张——大约是占总厚度$\frac{1}{3}$的扑克牌。
好久没被人叫帅哥了。
也请美女拿走一沓不超过18张的扑克牌。大家拿好后，都请记住最底下的纸牌，不要让我看到。

记好了吧。帅哥，请把扑克牌还给我。

美女，也请将扑克牌放回来。

我现在要请出刚才的鬼牌，让它们告诉我二位的底牌在哪里。
这样就能找出底牌？

当然了！它们告诉我，由上往下数，第17张是副警长的底牌，第26张是警长的底牌。

是这两张，没错吧！

用鬼牌变魔术

魔术师请警长和副警长玩扑克牌，他利用两张鬼牌，轻松找出两人的底牌。魔术师究竟是怎么办到的？

怎么变的呀？
12

给你们一个提示，鬼牌是我插入的，所以一开始我就知道两张鬼牌各插在第几张。
13

我明白了！有数学算式藏在魔术里。
14

分解魔术的步骤

步骤一：假设魔术师开始时，将黑色鬼牌插在由上面数的第x张，红色鬼牌插在第y张。（$1<x<18$，$19<y<36$）

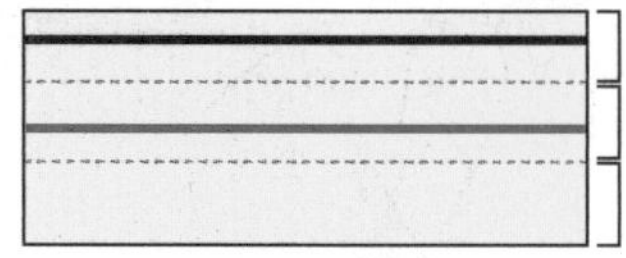

插入鬼牌时

步骤二：警长取走m张，副警长取走n张。

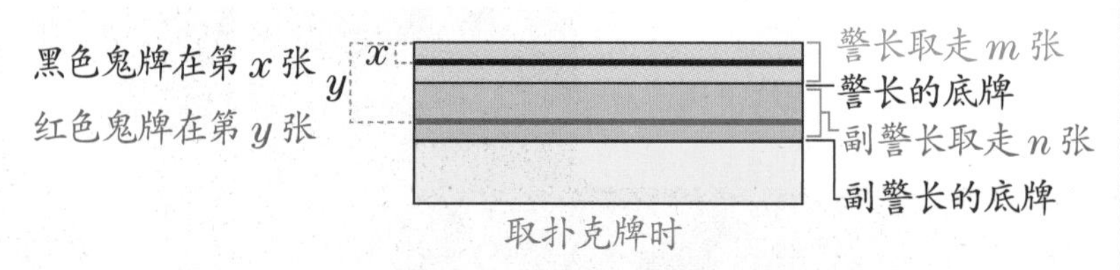

取扑克牌时

步骤三：扑克牌收回之后，两张鬼牌换位置了。请问，警长和副警长的底牌，分别是从上往下数的第几张？黑色鬼牌和红色鬼牌又分别在第几张？（以m、n、x、y表示）

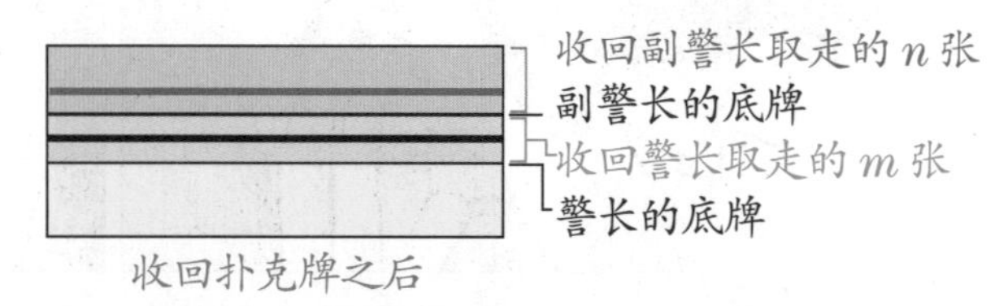

收回扑克牌之后

谜题大公开

魔术师规定两人拿的纸牌张数都不能超过18张，是因为他分别将鬼牌藏在1～18张之间以及19～36张之间。如果警长拿的牌超过18张，可能会同时拿到两张鬼牌，便算不出底牌的位置；如果警长拿得太少，没拿到第一张鬼牌，也算不出底牌的位置。同样地，假如警长拿到第一张鬼牌，副警长没拿到鬼牌，也算不出底牌位置。因此假如你充当魔术师和朋友玩这个游戏时，你可以将鬼牌插在第2张和第20张的位置，并规定拿的张数要大于10张并小于18张，这样就很容易成功。赶快去试试吧！

解答：警长的底牌在第（$n+m$）张，副警长的底牌在第n张；黑色鬼牌在第（$x+n$）张，红色鬼牌在第（$y-m$）张。

被打乱的包裹

办公室的东西被动过了。
该不会遭小偷了吧，我去报警！
我已经报警了，警察马上就到。
少了哪些东西？
奇怪，没有遗失任何东西啊！
啊！昨天下班时，老板将15个包裹排好放在桌上，并给了我一份名单，让我按名单顺序填写包裹地址，但是现在包裹顺序被小偷打乱了。
我本来打算一早来处理，被老板发现我昨天没加班，我会被他念到耳朵长茧。
老板早上出差去了，现在赶紧想办法。
白板上的图是谁画的？
该不会是小偷画的吧？昨天下班前，我擦过白板了。

请将数字 1 ~ 15 分别填进圆圈里，并使相连两数的和都是完全平方数。解出答案后，放在数字 1 位置的是名单上的第一个包裹，放在数字 2 位置的是名单上的第二个包裹，其他依此类推。

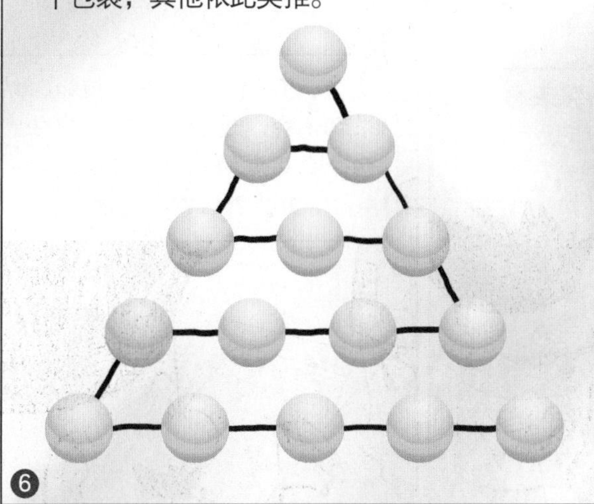

看来不是偷窃案，是你老板发现你没加班的恶作剧。
有道理！只有老板知道包裹的顺序。
7

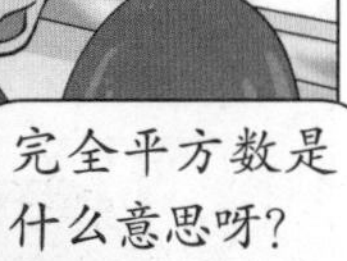

完全平方数是什么意思呀？
8

一个数被称为“完全平方数”，表示它等于某个整数自己乘自己。
什么某个整数？什么自己乘自己啊？
9

像是1、4、9就分别等于1、2、3自己乘自己，所以这三个数是完全平方数。
1=1×1
4=2×2
9=3×3
10

那16、25、36、49、64、81也算完全平方数啰！
16=4×4
25=5×5
36=6×6
49=7×7
64=8×8
81=9×9
11

没错，就是这样。
12

找回包裹的顺序

员工被老板恶作剧，15个包裹的顺序被打乱。若要还原顺序，就得解出白板上的题目。HOW博士有办法在老板回来前解出答案吗？

这要怎么解出答案，我完全没有头绪。
13

我画了一张表格，你们合力完成就能解出来了。
14

首先，1～15任选两数相加，结果都不会超过29，所以其中任意两个数组成的完全平方数，只有4、9、16、25这四种可能。
15

❶ 假如把7与14称为2的平方邻居，5和12称为4的平方邻居，请问1～15中，能称为6的平方邻居的是哪两个数字？

2+7=9=3×3 ⑦—②—⑭ 2+14=16=4×4

4+5=9=3×3 ⑤—④—⑫ 4+12=16=4×4

?—⑥—?

❷ 依照上题的解法，找出1～15的平方邻居，并填在表格中。

数字	平方邻居	数字	平方邻居	数字	平方邻居
1		6		11	
2	7, 14	7		12	
3		8		13	
4	5,12	9		14	
5		10		15	

❸ 每个数字的平方邻居个数不同，请根据上表的结果填写下表。

平方邻居个数	数字
1个	
2个	
3个	

谜题大公开

数学上表示某个数X自己乘自己，会用X^2表示，例如：$1\times1=1^2$、$2\times2=2^2$、$3\times3=3^2$。平方最常被应用在计算面积上，例如计算边长为4 cm的正方形面积：$4\ \text{cm}\times4\ \text{cm}=16\ \text{cm}^2$。注意计算式中的单位，cm也需要自己乘自己，于是结果单位的右上角也加了一个小2，表示平方厘米。

解答：❶3、10。

❷

数字	平方邻居	数字	平方邻居	数字	平方邻居
1	3,8,15	6	3, 10	11	5,14
2	7,14	7	2, 9	12	4,13
3	1,6,13	8	1	13	3,12
4	5,12	9	7	14	2,11
5	4, 11	10	6,15	15	1,10

❸

平方邻居个数	数字
1个	8、9
2个	2、4、5、6、7、10、11、12、13、14、15
3个	1、3

扑克牌小把戏

我最近常到外面去巡逻，治安变得很好！
警长，你是偷偷跑出去玩吧。
呵呵，又被取笑了。不过，这几个星期的工作量确实下降不少。
难得大家有空，我拿两副扑克牌来变个数学魔术，让大家动动脑筋。
太棒了！有魔术看就不会无聊了。
看好！桌上有16张扑克牌，均背面朝上，横排4张，竖排4张。你们其中一位来翻扑克牌，想翻几张都可以，但不要全部翻开。
我来翻。
我要戴上眼罩，接着你们就依照我的指示进行。
好，等博士戴好眼罩，我就开始翻牌。

翻好了吗?
我翻好了!

副警长，我想请你当第二位玩家，但翻牌前先帮我多加9张背面朝上的扑克牌，使横排、竖排都变成5张。
博士想要增加难度啊!

放好后，请翻牌。

好了，我翻了很多张牌哟!

这是在玩什么把戏?
现在我要请最后一位重量级玩家翻最后一张牌。我可以猜出最后翻的是哪一张。

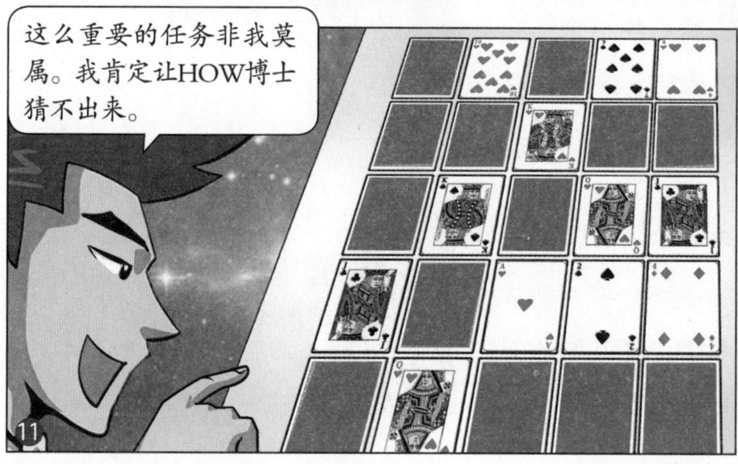
这么重要的任务非我莫属。我肯定让HOW博士猜不出来。

警长，你大话说太早了，这张红桃A就是你翻的!

怎么看出是红桃A的?

HOW博士准备了一个魔术小把戏，他戴上眼罩，请三名玩家依序翻扑克牌。结果，他一下便猜中最后警长翻的牌是什么。HOW博士究竟是怎么办到的?

怎么可能？这牌有机关吗?
13

因为其中一位玩家是我特意安排的。
14

绝对不是我!
15

❶ 若用0表示未翻面的纸牌，1表示已翻面的纸牌，则请用0、1表示警员翻牌后的结果，并完成右边的表格。

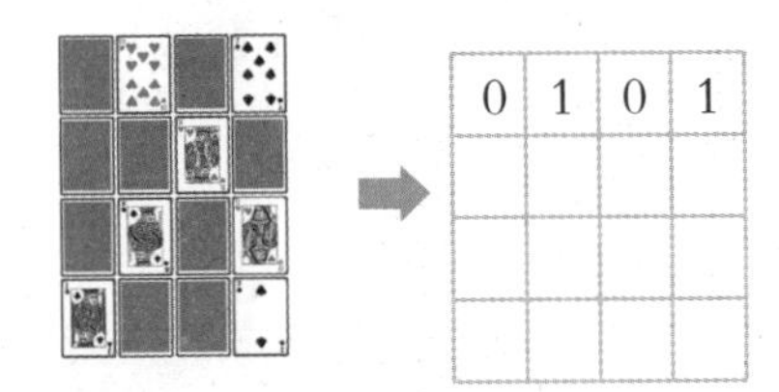

0	1	0	1

❷ 根据上题，请用0、1表示副警长翻牌后的结果，完成右边的表格，并分别将每行、每列的总数相加。

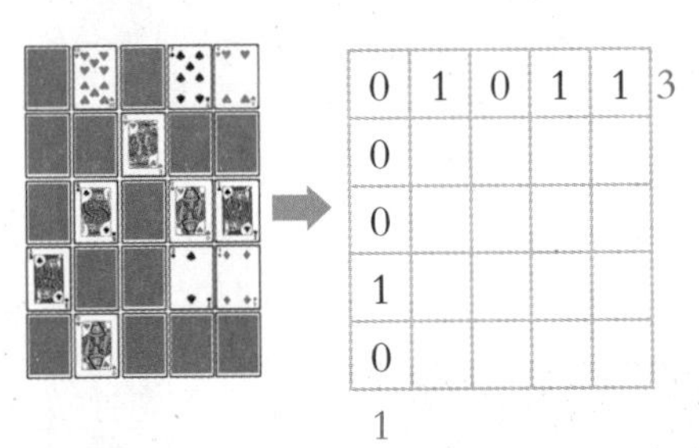

0	1	0	1	1	3
0					
0					
1					
0					
1					

❸ 根据上题，请用0、1表示警长翻牌后的结果，完成右边的表格，并分别将每行、每列的总数相加。

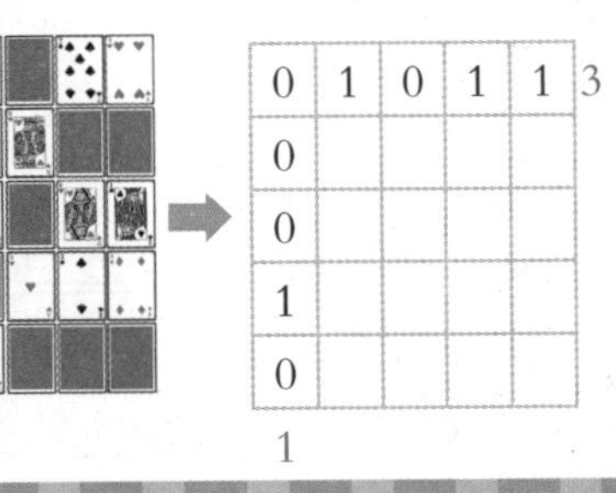

0	1	0	1	1	3
0					
0					
1					
0					
1					

谜题大公开

漫画中魔术用到的方法，是电子通信中的“奇偶校正法”。数据传送时，为避免传送错误，就增加了一位校验码，使1的总个数是奇数或偶数。以总个数是奇数为例，若要传送有四个1的7位数字0011011，则会在传送时于数字最右端加一位校验码，使1的总个数变为奇数，因此传送数据应为00110111。

原始数据	奇校验位
0011011	1

若收到的数据是00110011，1的总个数是偶数，则电脑便能马上判断传来的信息有误。

解答：

❶

0	1	0	1
0	0	1	0
0	1	0	1
1	0	0	1

❷

0	1	0	1	1	3
0	0	1	0	0	1
0	1	0	1	1	3
1	0	0	1	1	3
0	1	0	0	0	1
1	3	1	3	3	

❸

0	1	0	1	1	3
0	0	1	0	0	1
0	1	0	1	1	3
1	0	1	1	1	4
0	1	0	0	0	1
1	3	2	3	3	

赌赢庄家的秘密

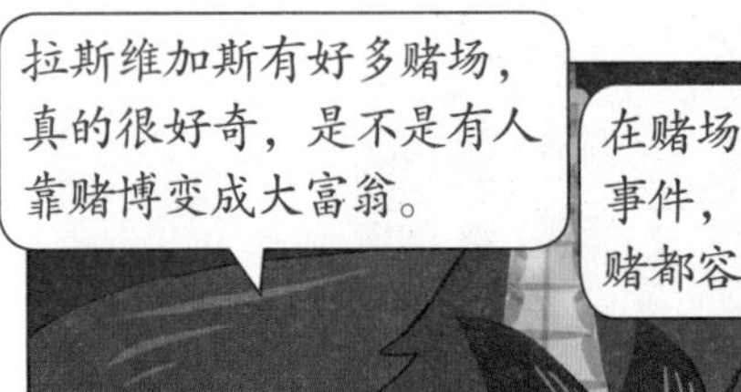
拉斯维加斯有好多赌场，真的很好奇，是不是有人靠赌博变成大富翁。
在赌场赢钱只是小概率事件，大部分人如果嗜赌都容易倾家荡产。

警长这么好奇，那带你去一个靠脑力就能获得成就感的地方玩。
好啊，靠脑力，我绝对不会输!

“撕家微丝拉独场”，这是什么怪名字?
呵呵，这个“独场”不赌钱，纯粹只是和大家玩游戏的地方。

我会先给两个正整数，玩家再决定当“先手”或“后手”。
那要玩什么?

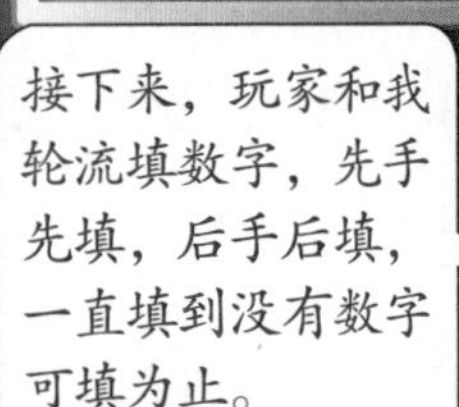
接下来，玩家和我轮流填数字，先手先填，后手后填，一直填到没有数字可填为止。

要填什么数字?

填入的数字必须是已经出现的任意两数相减的差，而且所填数字不能重复出现。
可以先试玩一遍吗?这样大家更容易明白。

好的。我先给两个数字：3和18。你要当先手还是后手？
3 18
先手。现在只有两个数字，相减后等于15，我只能填15。

我接着填12（15—3）。
3 18 15 12 9
我再填9（12—3）。
我最后填6，接下来没有数字可填，这样我就赢了。
3 18 15 12 9 6
任两个数字相减，都会重复之前出现过的数字！确实没数字可填了。

我会玩了，庄家，出题吧！
题目是36和99，你要选先手或后手？
刚才副警长选先手输了，这次我要选后手。
换成先手才会赢哦！

不换！我有把握赢庄家。
确定不换？

先手赢？后手赢？

警长和“撕家微丝拉独场”的庄家玩游戏、赌输赢。警长认为选后手才会赢，但HOW博士却不这么认为。究竟警长会输，还是会赢？

我们都赌庄家赢！
14

你们这些坏心眼的家伙，巴不得我输！我就是要选后手。
15

63
如果不换，我就把数字63填下去了！
16

❶ 示范题的题目以及双方互填的数字依序是：（3，18，15，12，9，6），请将括号内的所有数字由小排到大。

❷ 假设3和18的最大公因数为A，请计算A值是多少。

❸ 玩家输入的数字和A有什么关系？

谜题大公开

这个游戏是由“欧氏对局”简化而来的。欧氏对局的规则是：

❶ 双方各写一个正整数，猜拳决定谁先开始。

❷ 先手：自行将两个正整数中较小的数乘以任意一个大于1的倍数（乘积不能大于较大那个数）。用较大的数减去该乘积，将相减的结果与原有较小的数组成新的一组数，再交给对手。

❸ 后手：重复先手的做法。

❹ 两人轮流写下得到的一组数，先写出0的人获胜。如果双方写了同一个正整数，则先手获胜。

由于规则2、3 中较大的数是减去较小的数的任意倍数，因此原始的欧氏对局游戏，先手或后手都可以通过控制较小的数的倍数来取得胜利。

解答：❶3、6、9、12、15、18。❷3。❸全是3的倍数。

找出假金币

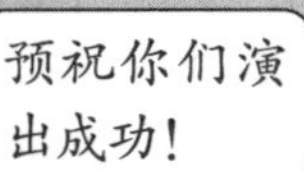
预祝你们演出成功!

谢谢各位来看表演。一会儿进场时，可以凭票根领取一枚“剧团成立十周年”纪念金币。
1

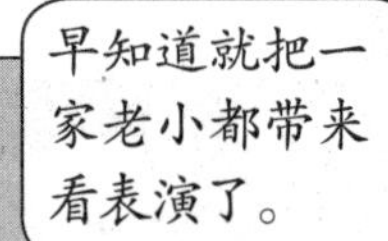
早知道就把一家老小都带来看表演了。

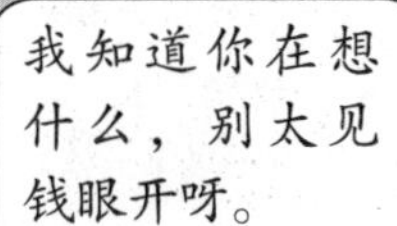
我知道你在想什么，别太见钱眼开呀。

2

糟糕！刚才金币老板打电话来，说他们制作金币时混进了别的原料，有一袋金币是不纯的。
3

换句话说，今天的纪念币不是纯金做的？还好没带家人来。
你太现实了。
4

不全是假金币！我定做了十袋金币，只有一袋是假金币，其余九袋是纯金的，现在得找出假金币。
真、假金币的质量应该不一样吧？
5

老板说每枚真金币的质量为10克，而假金币的质量为9克。
用秤称一称不就解决问题了。

剧院没有秤呀。
我去附近的商家问一问，他们如果有秤的话可以借我们用一下。

20分钟后……
怎么还没回来呀？还有6分钟就要让观众入场并兑换金币了。

手机响了，可能是好消息。

盘中餐米店
我借到秤了，但是跑回去还需要3分钟。

一袋一袋检查完，还要花2分钟从后台跑到前台，这怎么来得及！

别紧张，有个办法可以只称一次，就知道哪一袋是假金币。

一次找出假金币

剧团老板定做了十袋纪念金币，其中一袋是假金币。真、假金币的质量不同。时间紧迫，该如何在观众入场前快速找出这袋假金币呢？

只称一次，就能缩短准备时间了。但是，这真的办得到吗？

趁警员拿秤回来之前，先将每袋金币编号，并依编号数来拿金币。
1
2
7
3
4
5

❶ 辨别真、假金币，可根据数量与总质量的关系，找出假金币。请先回答以下问题。

（1）若现有编号为1、2、3的三袋金币，第1袋金币每枚质量为2克，第2、3袋金币每枚质量为1克，则请计算金币的总质量。

编号	枚数
1	1
2	2
3	3
总质量	?

（2）若三袋金币中，第2袋金币每枚质量为2克，第1、3袋金币每枚质量为1克，则请计算金币的总质量。

编号	枚数
1	1
2	2
3	3
总质量	?

（3）若三袋金币中，第3袋金币每枚质量为2克，第1、2袋金币每枚质量为1克，则请计算金币的总质量。

编号	枚数
1	1
2	2
3	3
总质量	?

❷ 假设三袋金币中，每一枚金币质量都为1克，从三袋中各取1、2、3枚金币，则取出的金币总质量应该是6克。则上题中，（1）（2）（3）算出的金币总质量，分别比6克多出几克？

❸ 根据上题，多出来的质量和取出的金币数有什么关系？

谜题大公开

若剧团团长定做的是一百袋金币，其中只有一袋是假金币，那么按照HOW博士的方法，编号越大，取出金币越多，这样不但容易算错枚数，而且编号越大的袋子里也不一定有那么多金币。遇到这种情况，可以分成十次称，也就是每十袋当一组，每一组再依照原本的方法验证，一组一组检查即可。

解答：❶（1）7克。（2）8克。（3）9克。

❷（1）多1克。（2）多2克。（3）多3克。

❸ 由于固定从第n袋取出n枚金币，若质量多出n克，则质量为2克的金币就在第n袋。$n=1，2，3$。

帽子村的嘉年华会

这一天是帽子村的嘉年华会，村民准备了很多余兴节目，有人唱歌、跳舞，有人演短剧……
我们帽子村的居民，很爱戴帽子，这些帽子都是我的作品！
我们的村长是最美丽的帽子天后！
我设计了一个猜谜游戏，HOW博士，你们也来参加吧！
现在是游戏时间，请大家各自组队，每6～10个人一组。
我们总共6个人，刚好可以组成一队。
获胜有奖品吗？
警长你又想贪小便宜了！
话不能这么说，奖品可以增强玩游戏的动力啊！

游戏规则在这里！

黑帽或白帽?

① 每一组队员按由高到矮的顺序排成一列，最高的队员站在队尾。

② 每位队员会被工作人员戴上一顶黑帽或白帽。队员只能看到站在自己前面的所有人的帽子颜色，不能往后看，也不能抬头看自己的帽子。

③ 每个人要猜自己戴的是什么颜色的帽子。只能回答“白色”或“黑色”，不能多说其他的话，否则就算失败。

④ 从队尾最高的人开始，依序作答，整组只有错一次的机会。

完成任务的队伍，每人都能得到我设计的帽子！

戴上华丽的帽子，我也能变成大美女！
原来副警长也爱美呀！

大家默契这么好，感觉赢定了！
不用靠默契，我已经想好制胜策略了！
是什么好办法?

帽子颜色猜猜猜

帽子村的村长设计了一个猜谜游戏，她请村民各自组队并排成一列，分别猜自己帽子的颜色，全队只能有一名队员出错。队员们要怎么知道自己戴什么颜色的帽子呢?

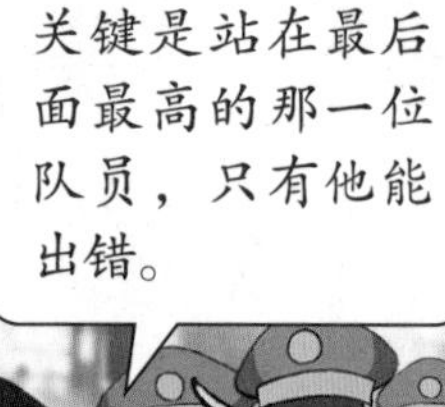

关键是站在最后面最高的那一位队员，只有他能出错。

11

12
还要利用奇、偶数的概念，给前面的队友打暗号，暗号是……

现在轮到TOP警局组上前排队猜颜色！
13

❶ 以下两种情况中，黑色帽子的总数是奇数还是偶数？最后一位队员看到黑帽子的总数是奇数还是偶数？

情况一：●●○○●

情况二：○●○○●

↑最后一位

❷ 上题两种情况中，倒数第二位队员看到的黑帽子总数是奇数还是偶数？

❸ 若请最后一位队员给前面四位打暗号，且看到奇数顶黑帽子时说“黑色”，看到偶数顶他说“白色”，如果倒数第二位队员看到的结果与最后一位相同，则倒数第二位队员戴的帽子是黑色还是白色？

谜题大公开

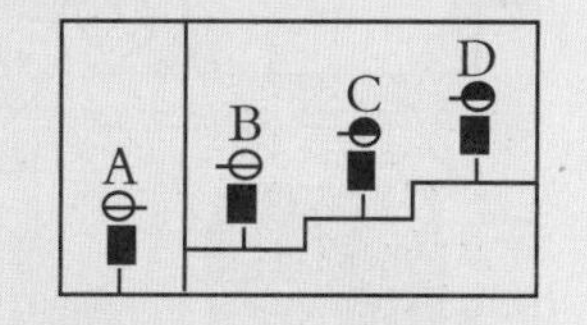

帽子游戏还有另一种玩法，即事先告知玩家黑帽和白帽的数量，看哪一位能猜出自己帽子的颜色。例如有4个玩家被分别关在两个房间里，位置如图所示：

❶ 4个玩家都不知道自己帽子的颜色，只知道共有2人戴白帽，2人戴黑帽。

❷ A和B、C、D之间隔着一堵墙，两边彼此看不见。

❸ 右侧房间中的玩家不能转头看后面人的帽子，但是能往前看。

最后问4位玩家是否知道自己帽子的颜色，他们依序都说不知道。不久，有一位玩家说他知道答案了。请问是哪一位玩家？

解答：❶ 情况一：奇数，偶数。情况二：偶数，偶数。❷ 都是奇数。❸ 是白色。

谜题大公开：玩家C发现D回答不知道，表示D看到B、C戴不同颜色的帽子，而C看到B戴白色帽子，所以C就知道自己戴黑帽了。

翻转日历自己做

警察叔叔，我们忘记带钥匙了，可以在这里写作业吗？
妈妈六点前就会来接我们回家。
维护治安
警
察
POLICE
可以呀！但要乖乖的，不乖就会被警察叔叔教育哦！
不要捉弄小孩呀！
去那边写作业吧！
警
察
哥哥，这道动手玩数学的题好难呀！
除了警长之外，他的数学最差劲了。
警局的大哥哥、大姐姐都可以帮你们解答。

题目是什么？
给你看。
若想用两个正方体纸盒做日历，数字01~31代表每个月的1～31日，但每一面只能填0～9中的一个数字，则请问，两个纸盒共12面，该如何填写？
用两个填有数字的正方体表示数字01～31，很有意思的题目。
要填12个数字，所以有数字会重复吧？
难道一个纸盒全填奇数，另一个全填偶数吗？

日历填空题

两兄妹到警局写作业，妹妹遇到数学难题，题目是用两个填有数字的正方体纸盒表示日期数字01～31。警局的大哥哥、大姐姐能顺利帮她解出答案吗？

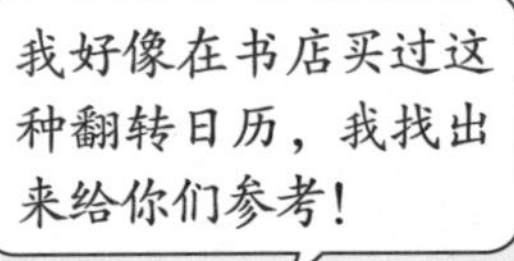

我好像在书店买过这种翻转日历，我找出来给你们参考！

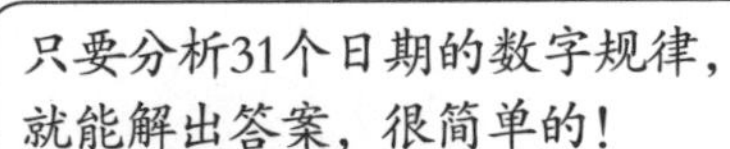

只要分析31个日期的数字规律，就能解出答案，很简单的！

真的吗？可以教我们吗？

警长一定不会算，又想在小孩面前表现。

❶ 假如日期1～9日的十位数以0表示，则十位数总共会出现哪几个数字？

❷ 哪几个日期的个位数与十位数的数字相同？

❸ 两个方块都必须出现的数字有3个，是哪3个数字呢？

谜题大公开

翻转日历，除了用两个方块表示日期外，还可另做两个方块表示月份和星期。用6个面表示12个月份的方法是，每一面写2个月份，并且字体互相颠倒；而用6个面表示7天，则可将星期六与星期日写在一起，同时星期六、星期日的字体互相颠倒。

解答：①0、1、2、3。②11、22。③0、1、2。

被强盗追杀？

警长难得请吃饭，没想到遇上倒霉事！
就是啊！竟然被反锁在餐厅里。
上个月抓了一群强盗，一定是被他们的同伙盯上了。惨了，惨了！
别慌，先想想有没有逃出去的方法。
这里地板都是实心的，似乎没有暗藏机关。
你们看，挂画后面有密码锁和笔记本！
1 2 3
4 5 6
7 8 9
* 0 #

这面墙好像有一道暗门。

笔记本上有密码提示，说不定能靠它出去。

密码提示:
密码由5个数字组成，以下7组密码全是错的，但包含了密码的所有数字；且每一组都有2个数字正确，但每组正确数字的位置也不对。
83219
32185
19328
18372
71893
18730
37851

大家快想办法，要是强盗同伙闯进来就太可怕了。

警长，你不要一直吓唬大家！

要怎么从这堆错的密码中找出正确的答案呢？

密码究竟是多少?

TOP警局众人疑似被强盗的同伙反锁在了餐厅里，大家在挂画后方发现了一个密码锁。他们能顺利破解密码并逃出去吗?

先在纸上写数字0～9，对照7组错误密码，把出现在个位数的所有数字消去。
0123
456
89
12

用同样的方法，分别去掉出现在十位、百位、千位和万位上的数字。
13

❶ 哪些数字在个位、十位、百位、千位和万位都出现过?

❷ 根据上题，密码应该由哪些数字组成?

❸ 4、6是密码数吗?

谜题大公开

消去法在数学上是很实用的技巧，它可以大大降低问题的复杂程度，达到简化问题的效果。例如有一堆未知数夹杂在算式里，利用消去法可以很快找到答案：

$$\begin{cases} 5x+3y+2z=4x+4y & (1) \\ 1y+3z=5z+6 & (2) \end{cases}$$

（1）式+（2）式：$5x+4y+5z=4x+4y+5z+6$

两个式子原本有3个未知数，通过相加整理后，便能消去y、z这2个未知数，得到：$x=6$。

解答：❶1、3、8。❷0、2、5、7、9。❸不是，因为7组错误密码包含了密码的所有数字，而4、6没出现过。

潜入风国的间谍

我要前往风国当临时侦探，需要一些人手，你们想要一起去吗？
你们都放心去吧！警局有我一个在就够了，记得帮我带点特产回来。

有间谍潜入风国，国王请HOW博士帮忙揪出间谍。

请问经过了几天的搜查，各位掌握了什么线索吗？
间谍就住在风国风山四栋别墅的其中一栋里。

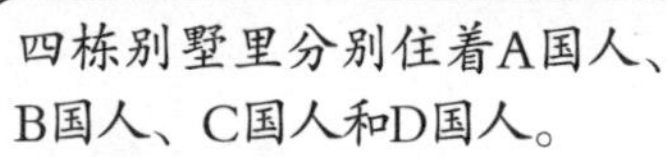

四栋别墅里分别住着A国人、B国人、C国人和D国人。

我们和B、C、D三国关系向来不好，间谍有可能来自这三个国家之一。不久前，我们和A国也闹翻了，所以也不能排除A国……这下伤脑筋了。

关于这四栋别墅，我们轮流站岗调查后，还掌握了这些信息。

①四栋别墅排成一排，自左向右依次是红色、蓝色、绿色和黄色别墅。

②别墅的所有房主都养不同宠物。

③别墅的所有房主都喝不同品种的饮料。

④A国人住在红色别墅。

⑤D国人和C国人是B国人的隔壁邻居。

⑥D国人养猫。

⑦C国人喝牛奶。

⑧鸡在绿色别墅。

⑨D国人住在A国人隔壁。

⑩养狗的人喝茶。

⑪养鱼的人的隔壁邻居喝果汁。

⑫鱼在黄色别墅。

★⑬间谍爱喝咖啡。

我们已经把这些信息分类画成了图表，这样比较容易理解。

只靠这些信息根本无法判断谁是间谍吧！

不，这个图表已经告诉我们答案了。

谁是间谍?

风国有间谍潜入，国王请TOP警局几人化身的侦探帮忙找出间谍。几天后，侦探说他们已经有答案了。究竟间谍是哪一国人?

❶ “A国人住在红色别墅”“D国人和C国人是B国人的隔壁邻居”，由此可推出，B国人住在什么颜色的别墅里?

❷ 根据上题，“D国人住在A国人隔壁”，C国人住在什么颜色的别墅里?

❸ 根据线索以及上述推理内容，完成下表。

别墅颜色	红色	蓝色	绿色	黄色
房主国籍	A国			
宠物				
饮料				

别墅颜色	红色	蓝色	绿色	黄色
房主国籍	A国	D国	B国	C国
宠物	狗	猫	鸡	鱼
饮料	茶	咖啡	果汁	牛奶

谜题大公开

本次谜题需要利用逻辑思考，系统地将片段信息整合起来。此外，内文出现的“所有……都……不同”，则是考查文字逻辑的能力，即要判断“有些一样，有些不同”“都一样”“都不同”之间的区别。文字逻辑游戏千变万化，想想看，以下两个例句的推论是否正确？

1.“每间别墅都装有一扇窗，每扇窗户都用的是蓝色玻璃。”★推论：每间别墅都装有蓝色玻璃窗。

2.“学校里所有的老师都是女生，老师们全部都是合唱团成员，每个合唱团成员都有一份乐谱。”★推论：学校里所有女生都有一份乐谱。

解答：1 绿色。 2 黄色。 3 见漫画内文。

谜题大公开：第一句推论对；第二句推论错，所有老师都是女生，并不代表学校里所有女生都是老师，所以不是老师的女生不一定有乐谱。

红胡子抢走的金块

警方抓到头号银行抢劫嫌疑人——红胡子，并找到被抢走的金块。
1
2
3
4
5
6
7
8
这里一共有100个箱子，慢慢找吧！
100个箱子！你究竟抢了多少金块？开一箱来数数看。
1
2
3
4
5
6
7
8
喂，等一下！
唉哟，吓我一跳！
可恶，太奸诈了。
箱子里分别装有砖块、金块和炸弹，炸弹开箱即引爆，每个箱子只放一种东西，万一开错箱子，大家就都完蛋了。
1
2
3
4
5
6
7
8

他一定知道哪些箱子装着金块，找找看有没有记号。
1
2
3
4

嘿嘿，我找到破解方法了！

（A）1、2、4、①、11、16、22
（B）36、28、21、15、10、②、3
（C）2、6、12、20、③、42、56
①②③三个数字代表箱子的编号，金块就藏在里面。
开错箱子，引爆炸弹！

红胡子，快告诉我们答案。
自己算吧！
警长，他怎么可能老实说呢！
2
3
4
6
7
8
不用问了！（A）（B）（C）三组的数字排列有规律，找出规律，便知道答案了。

金块在哪里?

警方找到红胡子偷走的金块，金块就在这100个箱子里。100个箱子共有100个编号，究竟哪些编号的箱子里有金块?

帮我一个忙，把这个壁纸撕下来。

三组数字的排列规律各不相同，（A）（B）两组和加、减法有关，（C）组和乘法相关。

❶ 将(A)组数字的后一个数字减去前一个数字，把结果填到下面的横线上。

(A)组数字：1、2、4、①、11、16、22

2－1＝___　　4－2＝___　　①－4＝?

11－①＝?　　16－11＝___　　22－16＝___

❷ 将（B）组数字的前一个数字减去后一个，把结果填到下面的横线上。

(B)组数字：36、28、21、15、10、②、3

36－28＝___　　28－21＝___　　21－15＝___

15－10＝___　　10－②＝?　　②－3＝?

❸ 将(C)组每个数字拆成两个正整数相乘，把结果填到下面的横线上。

(C)组数字：2、6、12、20、③、42、56

2＝1×2　　6＝___×3　　12＝___×4　　20＝___×5

③＝?×?　　42＝___×7　　56＝___×8

我来解说一下！
（A）组数字：
从第二个数字开始，每个数字为前面一个数字 +1、+2、+3、+4、+5、+6。
（B）组数字：
从第二个数字开始，每个数字为前面一个数字 −8、−7、−6、−5、−4、−3。
（C）组数字：
从第二个数字开始，将前一个数字拆为两个连续因数，取较大的因数为被乘数，该乘数 +1 得到的数字为乘数，两数乘积即为当前数：1×2、2×3、3×4、4×5、5×6、6×7、7×8。
所以编号7、6和30的箱子装着金块。
找到了，真的在这三个箱子里。
金块数目和遗失的数目相同，全找回来了。
警长就爱出风头。
OK，剩下的事就交给你们，我要去开记者会了！

谜题大公开

一组数字依特定顺序排列，在数学上被称为“数列”。设计数列的规则，最常用加、减、乘、除等方法，例如：1、3、5、7、9、11、13、15，这8个数字的规律是：后面的数字等于前面的数字加2。规律设定好后，便不能改动。例如：1、3、5、8、21、16，就不是按规律排列的数列。

解答：❶1、2、5、6。❷8、7、6、5。❸2、3、4、6、7。

哎哟喂酋长的遗嘱

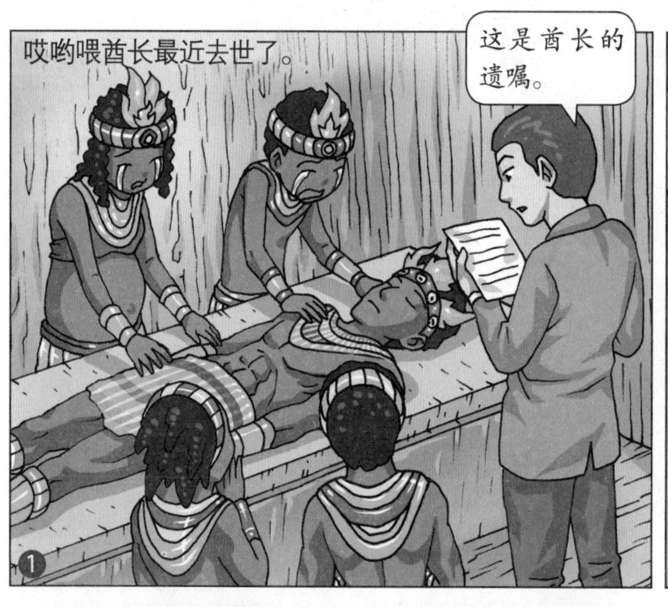

哎哟喂酋长最近去世了。
这是酋长的遗嘱。

“如果我亲爱的夫人生儿子，则儿子与夫人继承遗产的比例分别是五分之三与五分之二；若生女儿，则夫人与女儿继承遗产的比例分别是三分之二与三分之一。”

几个月后，哎哟喂夫人生宝宝了。
是儿子，还是女儿？
女儿。
太好了，我不但能分到三分之二的遗产，还可以一直掌管部落。
哎哟喂，肚子怎么又痛了？
你肚子里还有一个宝宝，原来是双胞胎。

这次是儿子，恭喜夫人生了龙凤胎。
哎哟喂，和双胞胎分遗产，我该不会一毛钱也拿不到吧？

律师先生，我可以分到多少遗产啊？
我也不知道啊！遗嘱没写这个情况。

哎哟喂夫人又询问部落长老，但没人知道该怎么解决，最后她只好张贴公告请大家帮忙解决问题。

既然大家都不知道，那就发公告征集解法吧！律师你顺便帮我把公告发到网络上。

寻找数学天才

首长最近去世，留下一份遗嘱。悬赏一百万哎哟喂币，给解出以下数学题的人。

悬赏一百万哎哟喂币！如果能解出来，大家的旅费就有着落了。
HOW博士，这道数学题你会吗？
寻找数学天才
首长最近去世，留下一份遗嘱。悬赏一百万哎哟喂币，给解出以下数学题的人。

很简单，只要有“连比”的概念就行了！
解出来后，博士可以多分一份。

我也要多分一点，是我发现这个悬赏，带大家来这里的。
别吵了，再吵就被别人抢先解出来了。

每人分多少遗产呢?

哎哟喂夫人贴公告，请大家帮忙解决酋长遗产的分配问题。HOW博士等一行人，决定前去解开夫人的疑惑。最后，他们能顺利拿到奖金吗?

哎哟喂，听说你们解出答案了。
12

没错，而且三人都能分到财产。
13

太好了！真怕我一毛钱也拿不到。
14

❶ “连比”是将三个及以上不为0的数字放在一起做比较。例如：甲、乙、丙三人分别有15、20、40元，若要比一比三人的钱，便是甲：乙：丙=15：20：40=3：4：8

❷ 若要将两个比例式拿来做连比，则可以将两个比例式放在一起看。 例如：$A:B=2:3$，$B:C=3:7$。共同项B的数值一样，可以直接合并，即$A:B:C=2:3:7$。

$A:B:C$
$2:3$
$\quad 3:7$
$2:3:7$

现在，请想想，假如：
$A:B=7:13$
$B:C=13:9$
则$A:B:C=?$

❸ 若共同项B的数值不同，例如：$A:B=3:8$，$B:C=5:11$，则不能直接合并。

要先让共同项一样，再做合并。

$A:B:C$
$3:8$
$\quad 5:11$

同比例式的各项同乘一个数值。

$A:B:C$	
$3:8$	（比例式两边×5）
$\quad 5:11$	（比例式两边×8）

使共同项一样后再合并。

$A:B:C$
$15:40$
$\quad 40:88$
$15:40:88$

现在，请想想，假如$A:B=3:8$，$B:C=4:9$ 则$A:B:C=?$

谜题大公开

平常，我们可以用连比的技巧比较好几样东西的数值。例如比较橡皮擦、圆珠笔、包书套等文具的价格；或记下食谱中各成分的比例关系，如面粉：水：油：糖：盐等。连比也用来求两个原本不相干的数值的关系。一般各国钱币的兑换，多以美元做衡量标准，像漫画里的哎哟喂币和人民币，没有直接兑换的数值，但是通过美元，用“哎哟喂币：美元”“美元：人民币”的比例式做连比，便能求出哎哟喂币能兑换多少人民币。

解答：①略。②7：13：9。③3：8：18。

掉入6174的黑洞

什么，TOP路上的密室藏有大量赃物！我们立刻过去盘查。
这种地方阴森森的，怎么会有人藏赃物？一定是有人恶作剧。
你气色不错呀！一个密室也能把你吓成这样？
我全身冒冷汗，不舒服，想先回去。
我倒觉得这样的密室没人敢随便进来，就算藏点东西也不容易被发现。

啊！
喵！
只不过是一只猫呀。

啊！
别叫了，我们被反锁在密室里了。

竟然用电子锁把我们锁住了。

哈！哈！哈！
啊，我听到有人在嘲笑我们了！

有字条被射到靶子上。

你们只有一次输入密码的机会，输入正确密码，铁门会打开；输入错误密码或未能在15分钟内输入密码，室内会乱箭齐发。

提示

① 首先，密码是由4个不同数字组成的四位数。

② 把这4个数字由大到小排列，得到数字A；由小到大排列，得到数字B。

③ 计算$A-B$，得到另一个四位数C_1。（相减后，若为三位数，则千位数补0。）

④ 将C_1的4个数字依照步骤②③的方式，重新计算出另一组四位数C_2；依此类推，算出C_3，C_4，…，$C_{10000000}$。

⑤ $C_{10000000}$的值就是四位数密码。

怎么可能在15分钟内计算一千万次！我们要死在这里了。
要是这次脱逃成功，下星期我每天都请大家喝下午茶。

数字“迷途”

TOP警局众人被电子锁反锁在密室内。他们得耐心计算一连串数学式，才能解出密码。最后的结果会是铁门开启，还是乱箭齐发呢？

❶ 请从0～9任选4个数字（4个数字不能相同，例如：1111、2222等就不行）。

（1）将4个数字由大排到小重新排列，得到四位数A；

（2）再将数字由小到大排列，得到另一个数B；

（3）计算$A-B$，得数字C_1。

❷ 将C_1重新依上题的步骤（1）（2）（3）计算，得C_2；依此类推，算出C_3、C_4、C_5、C_6、C_7。请问，C_7的数值是多少？

❸ 请再另选多组数字（每组4个数字），重新进行计算，最后得到的C_7分别是多少？

嫌疑人要逃走了，快追！
没想到你们这么快就破解密码了。
从密码来看，你是想趁我们破解密码时逃走，并不打算永久关住我们。

HOW博士连笔都没动，怎么知道密码？
可以随便定一个4位数，并依照这张纸上的步骤计算。

这辈子第一次遇到灵异事件，不管用什么数字，算到后面，都一直出现同一个数字。

我也是。
是不是6174?
对呀，HOW博士怎么会知道?

不管用什么数字计算，最多不超过7次，一定会得到6174。而6174重新排列成最大数和最小数，两数相减，一样会得到6174，即7641−1467=6174。

所以密码是6174。
太棒了，下星期每天都有免费的下午茶了！

你设定的这是什么烂密码，赔我一星期的下午茶钱！
因为我听说警长数学很差啊！谁知道另有高手。

谜题大公开

四位数经过有限次重新排列、求差的过程后，就始终得到固定的数6174，像“掉入黑洞”一样，进去后便出不来，因此6174又被称作“黑洞数”。该特性是印度人卡布列克发现的，所以6174也被称为“卡布列克常数”。除了6174，也可以将游戏中的挑选“4个不同数字”改成挑选“3个不同数字”，并反复进行重新排列、求差的过程，最后会得到另一个“黑洞数”495。

解答：①略。②是6174。③都是6174。

放牛吃草找答案

哇，开心牧场的牧草长得好绿呀！
这是前阵子栽培的新品种牧草。
东边和西边两块草地，面积一样大吗？
一样大！草才刚长好，我打算让12头牛来这里吃草。
我正烦恼一件事，不知道新品种牧草的草量每天是增加还是减少？如果减少，我想换回原来的品种。
这个问题很难处理呀，草量每天都在变化，枯萎的、新长出来的草量每天都不一样。
如果让牛群来吃草，问题又更复杂了。每头牛吃草的速度、吃草量都不同，这很难知道结果吧。
有时间烦恼这种解不出来的问题，不如挤好喝的牛奶请我们喝。
警长你真爱占人便宜。

请你们喝牛奶当然没问题，如果真有解决的办法，那就太好了！
办法是有的，只要把问题简化，就能判断了。
由于气候、土壤条件差不多，可以假设草量每天生长或枯萎的速度一样。
好的，我记下来。
另外，也可以把每头牛每天摄取的草量当成一样的。
是，是，草量变化、牛吃草速度一样，然后呢？
接着，请你让4头牛在东边的草地吃草，另外8头在西边吃草。
之后的每一天都这样吗？
是的，看4头牛花多长时间吃完东边的牧草，8头牛又花多长时间吃完西边的牧草。
只要这样，就能解决这么复杂的问题？
没错，之后再用数学式分析，就能得到答案。
10天
18天
8头牛在西边的草地吃了10天，另外4头牛在东边的草地吃了18天。

牧草的总量是增加还是减少？

HOW博士请牧场老板让4头牛与8头牛分别在东、西两边的草地吃草，以此判断牧草的总量每天是增加还是减少。经过将近20天的观察、记录，他们会得出什么结论？

8头牛吃的天数少，4头牛吃的天数多，这样很正常啊！那要怎么判断牧草的总量每天是增加还是减少呢？
13

假设每头牛1天吃1份草量，计算牛吃草的总量，便能得出答案。
14

❶ 若1头牛1天吃1份草量，8头牛10天吃多少份草量？4头牛18天吃多少份草量？

❷ 根据上题，牧草总量每天是增长还是减少？

❸ 根据上题，每天增加或减少多少份草量？

谜题大公开

“牛吃草问题”又称“牛顿问题”，它是英国物理学家牛顿提出的问题。典型的牛吃草问题，都是设定草的变化量每天固定，每头牛吃的草量每天也固定，之后再根据题目给的条件，求草的生长速度、原有的草量、牛的头数或吃草的天数等。

解答：❶ 8头牛1天吃8份草，10天共吃：8×10=80（份）。4头牛1天吃4份草，18天共吃：4×18=72（份）。❷ 减少。❸ 牛吃草天数多18−10=8（天），8天减少80−72=8（份），每天减少8÷8=1（份）。

卖饼干，献爱心

TOP乐园
今天是各警局日行一善——卖爱心饼干的日子。

大家两两一组坐游园专车，去卖饼干吧！

游园车的线路从起点站到终点站共有10站。游园车在起点站停3分钟，在途中每站各停2分钟，站与站之间行驶1分钟，一到终点站乘客就下车了，不计算停靠时间。
起点
终点
WELCOME

在车上卖饼干吗？
是啊！游园车进起点站后，大家开始上车卖饼干，卖到游园车开到终点站为止。
爱心饼干

根据纪录，上一届的销售冠军警局，平均每人每3分钟卖出2盒爱心饼干。

我们一定能打破纪录。
游园车等候处
那就来比赛卖饼干，看看哪组是今天的销售冠军！
爱心饼干
好！这是每组成员的名单。
和我一组，是你三生有幸！凭我的魅力，拿冠军没问题的！
可以换一组吗？
我来查查销售话术，让自己百战百胜。
为了打破纪录，大家还要计算各组平均卖几盒。
我有一个问题，坐一趟游园车要花多少时间呢？

搞清楚间隔问题

为了卖爱心饼干，TOP警局众人做足功课，希望卖出更多的爱心饼干，帮助弱势群体。他们除了学习各种销售话术，还要学会用数学分析问题。

行驶时间、停靠时间都不同，要怎么算啊？
13

只要知道起点站与终点站之间，有几个站和几个间隔，便能算出来了。
14

❶ 不算起点站和终点站，游园车线路中有几个停靠站？

❷ 10个站点共有几个间隔？

❸ 从游园车进起点站算起，到它抵达终点站，总共经过多少时间？

谜题大公开

生活中，我们时常碰到间隔问题。例如：将一块面包分成4块，必须切几刀？在10米长的道路上种树，每2米种一棵，并且头、尾都要种，一共要种几棵树？通常间隔问题只要弄清楚间隔数，以及头或尾是否要计算，便能解出答案了。

解答：❶ 8个停靠站。❷ 9个间隔。❸ $3\times1+2\times8+1\times9=28$，28分钟。

漫画展的安保人员

小刘，你桌上的手机又响了！
叮咚
肯定是老板发的信息！
1

小刘，有新工作，要赚大钱了！

是你赚大钱吧。

我赚钱就是大家赚钱啊！下个月有漫画展，我无法回单位，漫画展的安保工作就交由你负责了。

换句话说，我得加班做你的工作了。

别这么说！我正在夏威夷吃海鲜大餐，传张照片给你看看。

别再传了，空运寄给大家吃还比较实在。

你想太多了！言归正传，漫画展分为16个区，要根据各区办的活动，安排不同数目的安保人员。

各区分派的人数，你算了吗？

当然算好了！已经发邮件给你了。

2

老板是不是发了海鲜大餐的照片给你？我也收到了。

不只发照片，还有工作呢！我要回座位收邮件。

3

这什么呀！老板竟然出题让我算！
4

主题：New Job

收信人：小刘

小刘：

每区安排的安保人员数目如下图，请自己解出来！

（1）每区安保人员数目不到10人；

（2）相同颜色的球代表一样的数字；

（3）各行各列的数字总和，都写在该行该列之前。

	14	19	24	23
21	●	●	●	●
19	●	●	●	●
##	●	●	●	●
22	●	●	●	●

5

安保公司
小刘，好久不见了！
少啰唆！先把几个月前借走的对讲机还回来。

别生气，这不是拿来还了。
小刘，你是不是收到了一道数学题？
你怎么知道？
你老板怕你太闲，叫我出题让你消磨时间。

我们巡逻经过，顺便来还对讲机。你解出那道题了没有？
怎么可能算得出来呀！

要派多少安保人员?

漫画展要到了，小刘要派安保人员到会场执行安保工作。各区要安排多少名安保人员？答案就在HOW博士出的题里，小刘能顺利解出吗？

这么多未知数，还有一格是乱码。我发消息问老板，他却已读不回，这要怎么算？
12

你先把乱码那格的数字算出来吧！
13
表格里总共有4种色球，也就是4个未知数，分别将绿色球、红色球、蓝色球和黄色球以未知数a、b、c、d表示。只要利用各行各列的总和，就能求出未知数。
14

❶ 分别将绿色球、红色球、蓝色球和黄色球以a、b、c、d替代，并填入表格内。

●$=a$ ●$=b$ ●$=c$ ●$=d$

	14	19	24	23
21				
19				
##				
22				

❷ 各行各列的数字总和都写在该行该列之前，则由第一行可以得出以下式子： $b+c+a+d=21$

同理，由第二行和第三列，可以得出哪两个式子？请将答案填到下面横线上：

____________ $=19$ （甲）

____________ $=24$ （乙）

❸ 根据上题，用式子（乙）减去式子（甲），结果为何?

谜题大公开

当要解两个以上的未知数时，需要用到“联立方程式”，也就是列出两个以上的式子求解。求解的方法，主要是将不同式子经过相加、相减等步骤，消除一些未知数，以算出其他未知数。像第64页第2题中的（甲）（乙）两式，便可经相减，消掉a、b两个未知数。

解答：❶

	14	19	24	23
21	b	c	a	d
19	c	b	a	a
##	c	b	d	c
22	b	d	b	a

❷ $c+b+2a=19$ （甲）

$2a+d+b=24$ （乙）

❸（乙）式−（甲）式：

$d-c=5$

饱可慢公司的面试

好久不见。
我要招聘程序设计师，你帮我出一道数学题，好吗？
不要吧，有警察会吓到应聘者的。
没问题！
我们可以附赠“帮忙面试”的服务。
穿便服就不会吓人了。你看我，脸上总是挂着亲切的笑容。

就这么说定了，到时候全体成员到饱可慢公司集合！
警长喜欢在美女面前装亲切。

面试当天……
欢迎各位来面试！现在，请先做一道数学题，作答时间5分钟，之后再进行一对一面试。

这么多监考人员！是家大公司吧？
在两位数中间插入一个数字后，
变成三位数，且此三位数是原来两位数的9倍。
（例如：在25中间插入2，225=25×9。）
请问，符合条件的数字有哪些？
提示
先假设两位数是：10a+c，
三位数是：100a+10b+c
（a、b、c为0～9的整数，但a≠0，因为a=0就不是三位数了。）
这道题有三个未知数，5分钟算不完吧。
旁边的女生好像很厉害，我来偷看她怎么算的。
请诚实作答，不要作弊！
头才动一下，就被发现了，真倒霉。
这位应聘者怎么一直笑，是轻视博士出的题吗？
时间到，请停止作答。
请先到外面等候，叫到名字的，再进来面试。

谁能解出答案?

HOW博士出了一道数学题，请应聘者在5分钟内解答。题目并不难，但应聘者能否在规定时间内完成呢?

交白卷被美丽的老板骂了一顿，真伤心。

再给我5分钟，我一定能算完!

另外两位都愁容满面。看来，机会是我的了!

❶ 请根据题意“此三位数是原来两位数的9倍”，列出恒等式。（提示：225是25的9倍，恒等式为225=25X9。）

❷ 请化简上题列出的恒等式。（提示：把相同的未知数放在一起。）

❸ 根据上题简化后的恒等式，a、b、c之中，哪一个数乘以8之后是10的倍数?

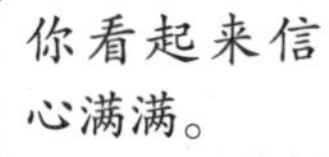

你看起来信心满满。

当然啊！只要根据假设与条件，列出恒等式“9（10a+c）=100a+10b+c”就好了。

我把这个恒等式化简后得到：

接着进行分析。

由式子可知，

所以c=0或5。

（1）假设$c=0$：
$a+b=0$，
a、b不能是负数，
a也不能为0，所以无解。
（2）假设$c=5$：
$10(a+b)=8\times5$
$\rightarrow a+b=4$。

符合$a+b=4$的有：

a	1	2	3	4
b	3	2	1	0

所以得到的两位数是：
15、25、35和45
对应的三位数是：
135、225、315和405

头脑很清楚嘛，你被录取了！第一个工作是设计饱可慢游戏。
饱可慢？那是什么游戏？

是抓“红小豆”和“绿小豆”的游戏，抓到后，用户会获赠三期杂志。
可以画我呀！抓到警长小头像，赠送一年的杂志！

老板，看来警长的意思是要赞助你们一年杂志的费用。
别害我，我口袋空空，连一本都买不起啊！
你只是小气吧！

谜题大公开

试着将漫画里“此三位数是原来两位数的9倍”中的9倍，改成2～8倍算算看。最后会发现只有6倍和7倍有解，其他倍数算不出答案，是无解的。

解答：① $100a+10b+c=(10a+c)\times9$ ② $10(a+b)=8c$ ③ c

商店街的抢劫案

巨蛋商店街发生抢劫案……
SHOPPING MALL

劫匪共三名，他们抢完后跑进了体育场……
DOME

体育场很多观众啊！
劫匪一定是想趁球赛结束后，混在人群中逃跑。
劫匪有什么特征？
抢劫时，他们全蒙着脸，戴着狸猫队的帽子，是狸猫队的支持者。
先回商店街找线索吧！
光凭这点，很难找出他们呀！

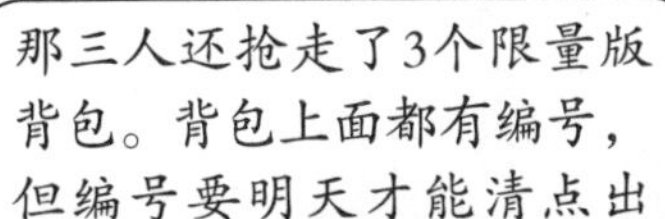
那三人还抢走了3个限量版背包。背包上面都有编号，但编号要明天才能清点出来。

2
6
等到明天，劫匪都跑了。
限量版背包数量不多，说不定能因此破案。背包是什么样的？
7

背包和我们衣服的颜色一样，上面随机印着两个数字，含数字1或2的背包已经卖完，劫匪抢走的背包，只会出现数字3～9。
8
9
我记得那三个背包共有6个数字，数字完全不同，但每个背包的两个数字加起来的和一样，不过我已经忘记加起来的答案了。

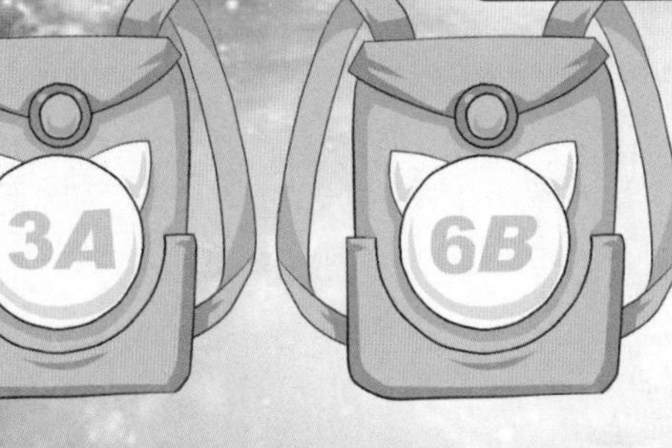
我记得其中一个背包左边的数字是3，另一个背包左边的数字是6，第三个背包左边的数字比右边的数字大。
2
3A
6B

CD

A、B、C、D为数字4、5、7、8、9其中4个，每个英文字母代表的数字都不一样。

$A+3=B+6=C+D$

$C>D$

10
博士，根据这些线索，能找出劫匪吗？
11

根据这些线索就能算出背包上的数字，抓住劫匪没问题！
12

用数字背包破案

巨蛋商店街发生抢劫案，劫匪抢走3个限量版背包。根据店员描述的特征，警方有办法解出背包上的数字而破案吗？

背包的线索整理好了！
（1）三个背包上的6个数字，写着3～9。
（2）其中一个背包左边的数字是3，另一个背包左边的数字是6，第三个背包左边的数字大于右边的数字。
（3）6个数字完全不一样，但是每个背包的两个数字的和相等。

一堆数字，真头痛！
既然每个背包的两个数字和都相等，可以把6个数字都加起来，再除以3，就是每个背包的两个数字总和了！

❶ 从3～9选6个数字，哪6个数字加起来的总和最小？总和是多少？

❷ 根据上题，哪6个数字加起来的总和最大？总和是多少？

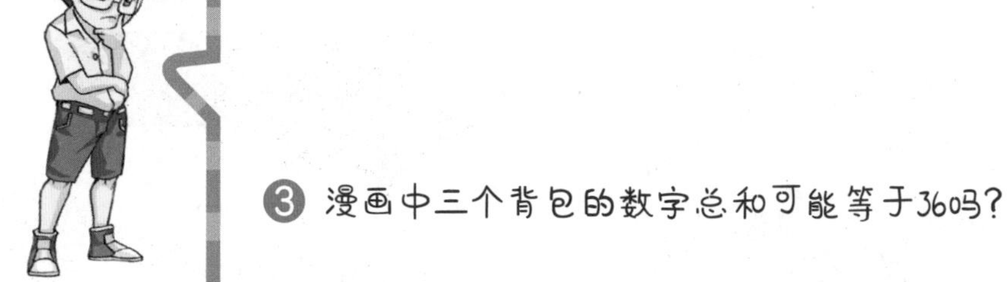

❸ 漫画中三个背包的数字总和可能等于36吗？

3～9选6个数字，加起来的总和能够被3整除的数有33、36和39。

3个背包的数字和	1个背包的数字和
33	33÷3=11
36	36÷3=12
39	39÷3=13

谜题大公开

漫画中涉及的数学题规则也可以改成从1～9中选8个数字。想想看，9张卡片分别写着数字1～9，甲、乙、丙、丁四人抽牌，每人各抽两张，且四人手中卡片的数字和都一样。已知甲拿到数字9，乙拿到数字5，丙拿到数字4。请问，四人手中的卡片上的数字各是什么？

解答：❶3、4、5、6、7、8加起来总和最小，总和是33。❷4、5、6、7、8、9加起来总和最大，总和是39。❸不可能。

谜题大公开：甲：2、9；乙：5、6；丙：4、7；丁：3、8。

抽卡猜余数

你作弊!
怪你运气太差，愿赌服输。
如果你没作弊，怎么我一次都没赢。
因为你的脑筋不灵活。
老先生、老太太，怎么了？有话慢慢说。
老太太拿一沓数字卡，要我陪她玩抽卡猜余数的游戏，输的人要请对方吃饭。
13
你一定输给老太太了。
你们怎么比输赢呢？
我们轮流抽数字卡，卡片上有不同数字。将抽到的数字平方后，取个位数字，不告诉对方抽到的数字和平方后的个位数字，请对方猜出抽到的数平方后的个位数字除以8的余数是多少？
a
a^2
取个位数字b
$b÷8$ 余数是多少？
13

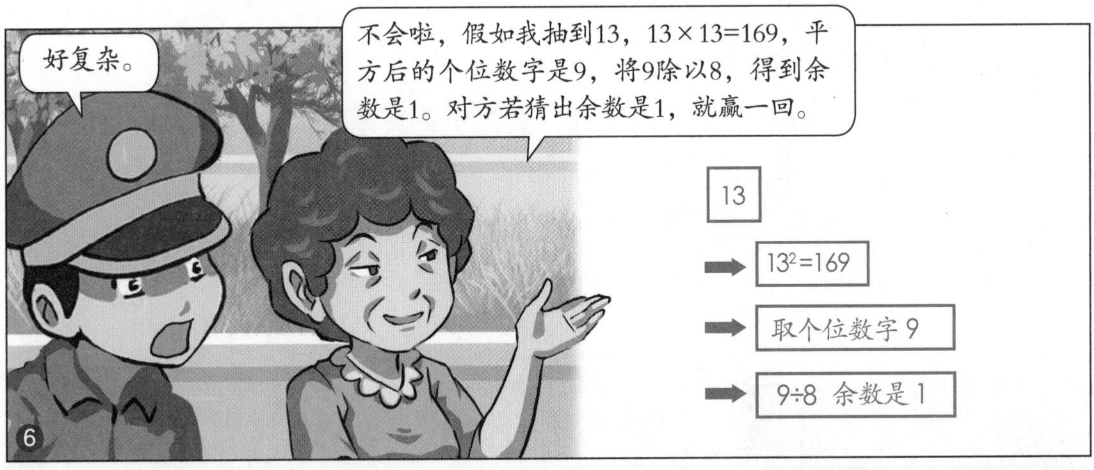
好复杂。
不会啦，假如我抽到13，13×13=169，平方后的个位数字是9，将9除以8，得到余数是1。对方若猜出余数是1，就赢一回。
13
13²=169
取个位数字 9
9÷8 余数是 1

这很难猜呀！
是不好猜呀！我都没猜对过，但是老太太全都猜中了。
不只猜中，我抽到的卡片，余数全是1！一定是她作弊。
卡片借我看一下！
13

老先生，别生气，老太太真的没作弊。我也能准确猜出余数呢！
你别乱吹牛，这有损警局的形象。
我没吹牛，这些卡片上都是大于5的质数。质数就是大于1的正整数中，除了1和自己，没有其他因数的数字。
质数
2=1×2
3=1×3
5=1×5
7=1×7
11=1×11
不是质数
4=2×2=1×4
6=2×3=1×6
8=2×4=1×8
9=3×3=1×9

一起来玩质数猜谜游戏

老太太和老先生玩抽卡猜余数游戏，老先生怀疑老太太作弊，因为无论抽什么卡片她都能猜对。HOW博士却说卡片上的数字全是大于5的质数，不用作弊也猜得出余数。他究竟是怎么做到的？

质数和余数有什么关系？
请大家先和我玩抽卡游戏，我来猜余数。通过游戏，我们来了解质数的特性。

如果HOW博士真的这么厉害，猜对所有人的余数，我请大家吃饭。

❶ 以下50个数字，全是大于5的质数，请任选一个数字，计算该数的平方。

7	11	13	17	19	23	29	31	37	41
43	47	53	59	61	67	71	73	79	83
89	97	101	103	107	109	113	127	131	137
139	149	151	157	163	167	173	179	181	191
193	197	199	211	223	227	229	233	239	241

❷ 根据上题，该质数平方后，取个位数字，除以8，得到的余数是多少？

❸ 再在第1题的数字表中任选另一个质数，计算该数的平方，取平方后的个位数字，除以8，得到的余数是多少？

谜题大公开

质数有无限多个，而且要判断一个数是不是质数并不容易。因此，数学家常利用质数设计密码，提高破解难度。例如，某银行客户写了一个密码6，银行将6乘以3237881，再除以1870283后得到余数724456并输入计算机。电脑黑客即使破解计算机也只能读到数字724456，无法知道客户的密码6。除非，黑客能找出3237881、1870283，也就是找出4个质数：1009、3209、911、2053（$3237881=1009\times3209$、$1870283=911\times2053$），才有办法回推到密码6。

解答：①略。②③都是1。

蛋糕学堂大挑战

蛋糕学堂大挑战比赛结束了。获得第一名的人有机会接受培训成为未来的店长。
请老板宣布成绩！
店长选拔赛
我来宣布比赛结果……前两名分数一样，是萱萱和康康。
选我，选我！我的服务最亲切，选我当店长！
我美貌出众，我当店长的话能吸引更多客人。
选男还是选女……伤脑筋！
店长选拔赛

谁肯请我吃一年的半价蛋糕，就让他当店长！

警长这么能吃，这样的店长会害蛋糕店“关门大吉”的。

那就再出一道题目决胜负吧！
就这么办！不过，我只会出蛋糕食谱题，麻烦博士想个特别的题。

决胜题出好了！

把一块横截面为正方形的蛋糕简化为正方形。将这个正方形再切成8块同样大小的直角三角形和1块正方形。每一块的售价与它的面积相关，每1 cm^2售价1元。请标出每块的售价各是多少？

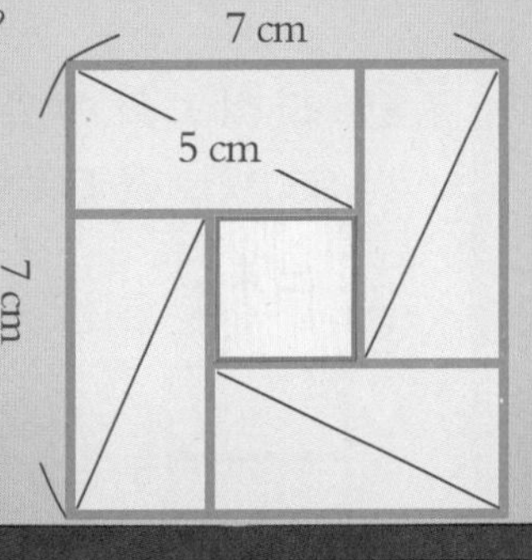

7 cm
5 cm
7 cm

我超想当店长，博士给我一个提示吧！
喂，喂！公平竞争，公平竞争！

店长选拔大赛
真急人！怎么算得这么慢。都没人抢答？

转个角度算一算

蛋糕店老板举行蛋糕学堂大挑战，最后，由康康和萱萱角逐店长。到底谁能答出博士的决胜题？

给两位提示，只要把每个三角形转个方向，便能算出面积。

这边有符合题目设定的模型，你们拿去转转看吧！

是翻转，还是旋转？转几次？

❶ 将图上每两个组成长方形的三角形视为一组，并翻转180°，最后它们中间的界线会形成一个正方形A，请画出来。

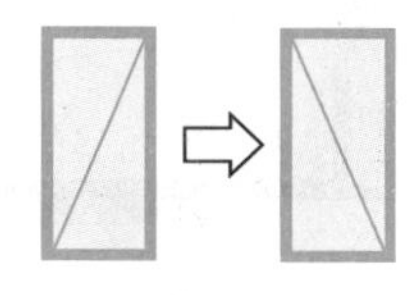

（翻转180°）

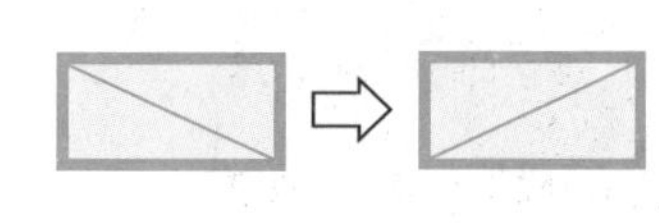

（翻转180°）

❷ 根据上题，正方形A的边长为多少？

❸ 正方形A里分别有几块三角形和几块正方形？

两位一起亮答案吧！

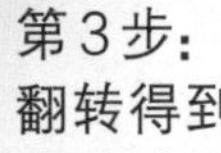

康康答对了！

还好我上学时认真上了数学课！

第 3 步：
翻转得到的新正方形的面积减去 4 个三角形的面积，就是中间最小的正方形的面积。

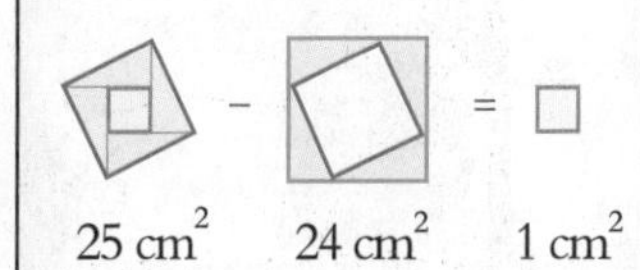

第 1 步：
每个三角形翻转 180° 后，就会出现一个新正方形。

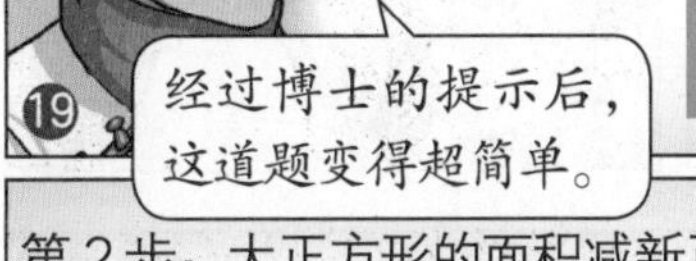

经过博士的提示后，这道题变得超简单。

第 2 步：大正方形的面积减新正方形的面积，就是 4 个三角形的面积和。

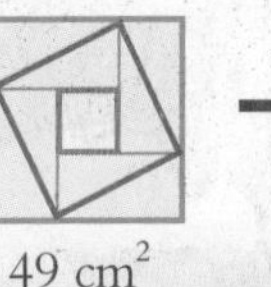

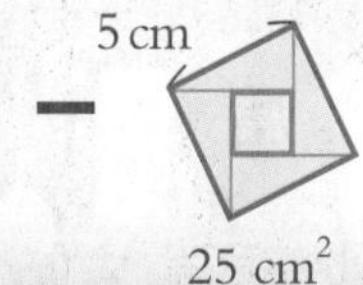

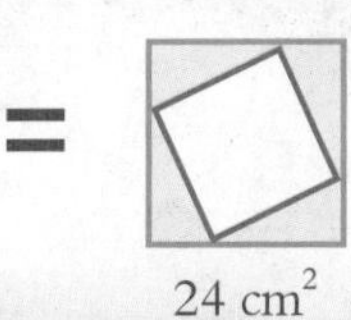

$=24\div4=6$（cm²）

$=25-24=1$（cm²）

康康的解题步骤很完美，恭喜你。
谢谢副警长！

败给数学，不甘心呀！
别不服气，数学对计算成本很重要！

谜题大公开

生活中看到的图形，多半不会以正方形、长方形、三角形或圆形等简单图形出现。然而，通过分割、平移、翻转或旋转图形等方法，便能拼出这些图形，轻易地求出面积。学会处理图形，除了能提高求面积的技巧，同时也能训练将复杂问题简单化的能力。

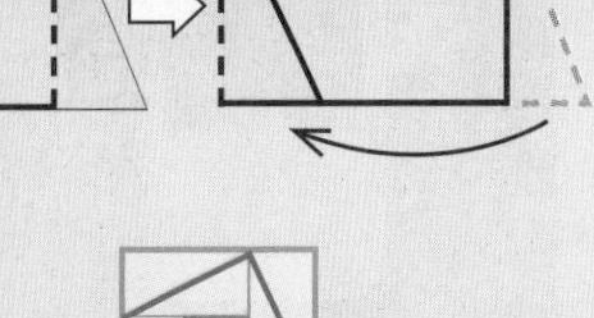

解答：❶ ❷ 边长为5 cm。 ❸ 4块三角形和1块正方形。

消失的牛奶

请给我6杯拿铁咖啡。
现在只卖黑咖啡，牛奶被老板锁在冰箱里了！
有人偷喝牛奶，还不承认！
昨天打烊前，另一瓶牛奶用掉做4杯拿铁咖啡的分量，高度应该同这瓶一样，还有12厘米。
12 cm
4 cm
瓶子倒过来放的话，牛奶的高度则比红色箭头指的线高4厘米。

早上开店，我发现瓶子倒着放，那瓶牛奶的高度竟然只和红色箭头指的线一样高。
12 cm
4 cm

原来老板每天会对剩余的原料做记号，不信任员工，还小气！

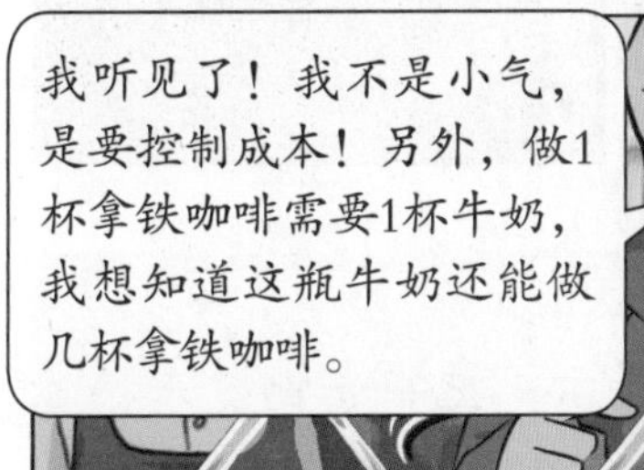
我听见了！我不是小气，是要控制成本！另外，做1杯拿铁咖啡需要1杯牛奶，我想知道这瓶牛奶还能做几杯拿铁咖啡。

这种需要动脑筋的问题，也许我帮得上忙！

我比较希望HOW博士帮忙，HOW博士比较可靠。

老板说话真直接。
我的小心灵受到严重伤害。
警长，不要演戏了。

剩下的牛奶还能做几杯拿铁咖啡?

咖啡店老板发现牛奶少了，他想知道少了多少。剩下的牛奶还能做几杯拿铁咖啡。光凭牛奶瓶正着放、倒着放，有办法求出答案吗?

牛奶瓶下面部分是圆柱体，任何一处水平面的面积都一样……
12

做1杯拿铁咖啡需要1杯牛奶，利用圆柱体的高度变化，便可以算出牛奶还剩多少杯!
13

这要怎么算?
这很简单，连我都会算。
14

❶ 做1杯拿铁咖啡需要1杯牛奶。如图所示，把瓶子倒过来，做4杯拿铁咖啡用掉的4杯牛奶占几厘米高？平均1杯牛奶占几厘米高？

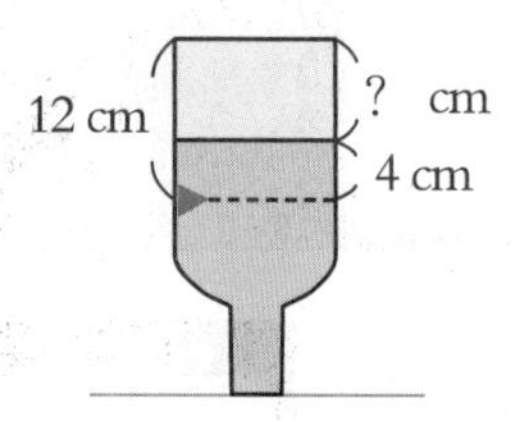

❷ 如图所示，隔天早上，牛奶瓶中的牛奶少了4 cm，一共少了几杯？

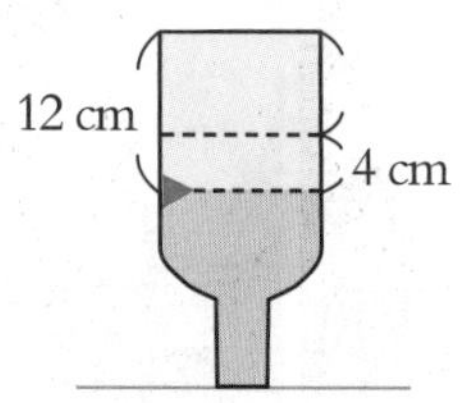

❸ 牛奶瓶装满牛奶时，可以倒出几杯牛奶？

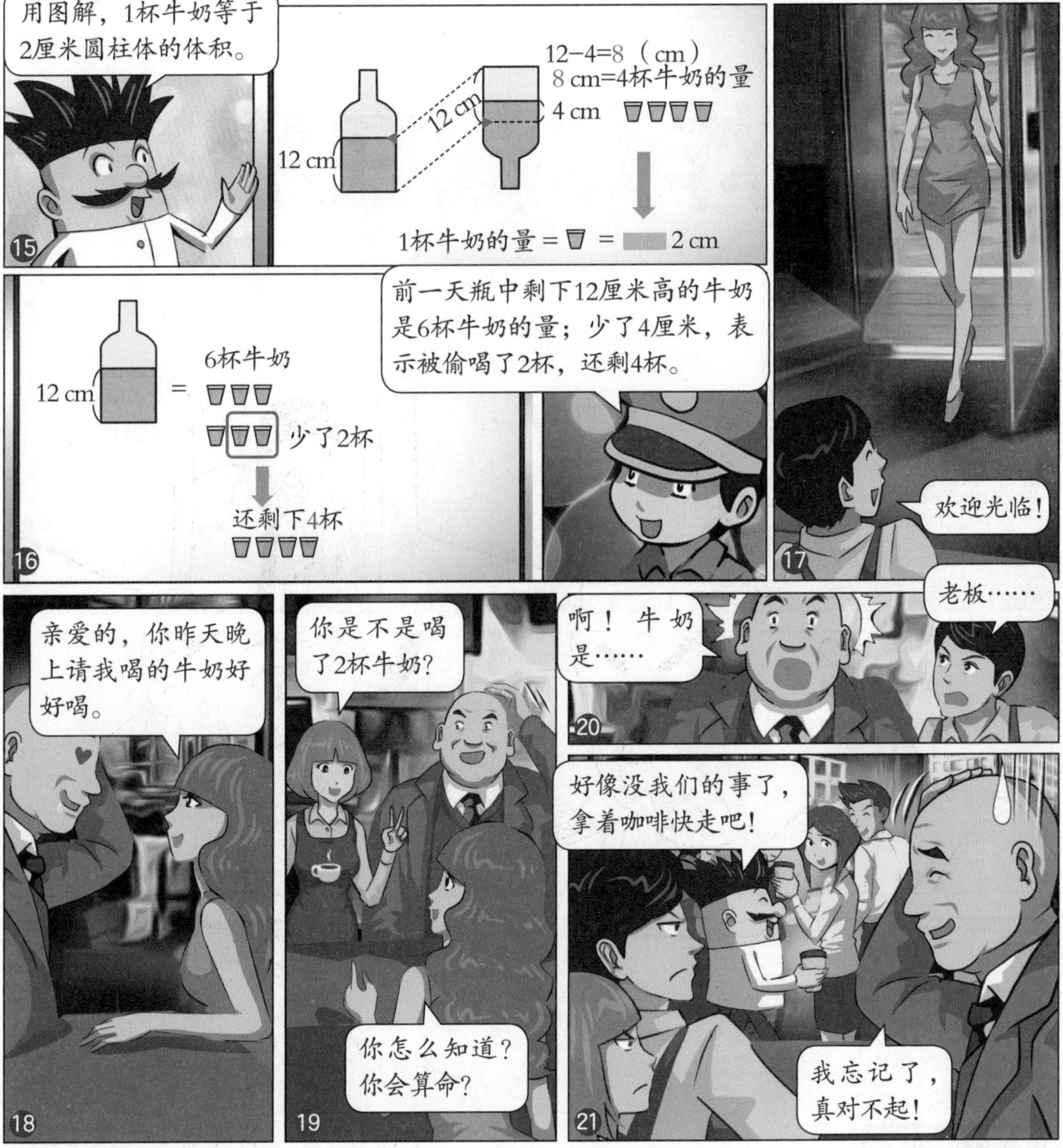

用图解，1杯牛奶等于2厘米圆柱体的体积。

12 cm

12 cm

12−4=8（cm）

8 cm=4杯牛奶的量

4 cm

1杯牛奶的量 = = 2 cm

12 cm = 6杯牛奶

少了2杯

还剩下4杯

前一天瓶中剩下12厘米高的牛奶是6杯牛奶的量；少了4厘米，表示被偷喝了2杯，还剩4杯。

欢迎光临！

亲爱的，你昨天晚上请我喝的牛奶好好喝。

你是不是喝了2杯牛奶？

你怎么知道？你会算命？

啊！牛奶是……

老板……

好像没我们的事了，拿着咖啡快走吧！

我忘记了，真对不起！

谜题大公开

想知道牛奶瓶能装几杯牛奶，原本应该要先求出1杯牛奶的体积，以及牛奶瓶的总体积（牛奶瓶的壁和底的厚度忽略不计），之后再算出答案。这次的题目，只需知道高度变化，不用计算确切体积，因为牛奶瓶下面部分是圆柱体，每个水平面的面积都一样，所以高度变化与体积变化一致。

圆柱体体积=圆面积 × 高，假如1杯牛奶的高度为2 cm，则1杯牛奶的体积=圆面积 × 2 cm；2杯牛奶的体积=圆面积 × 4 cm。

解答：❶ 4杯牛奶占8 cm，平均1杯牛奶占2 cm。 ❷ 一共少了2杯。 ❸ 可以倒出10杯。

真炸弹藏在哪里？

你打算混到什么时候？快去载客！
有……有炸弹啊！
炸……炸弹？在哪里？
车上有炸弹！驾驶座上还有一封信。

车上除了司机座位每个座位底下，都装了一枚炸弹，但其中只有一枚是真炸弹。若拆到假炸弹，真炸弹会提前引爆。

炸弹位置提示

52张号码牌依顺序排列，1在最上面，52在最下面。从这沓号码牌中，先抽掉最上面第一张，再把下一张放在桌上，这样反复抽掉一张，放在桌上一张，直到手中的号码牌发完为止。

然后再拿起桌上留下的号码牌，按从上到下，从小到大的顺序排列，不断重复刚才“数字排序和发牌”的操作，直到桌上只剩一张号码牌。

请问，最后留在桌上的号码牌是几号？

这边是留下来的，左手边是不要的。
这和炸弹位置有什么关联？
最后留在桌上的号码牌，应该就是真炸弹放置的座位号。
对了，老板，我已经报警了。

报警拆弹如果要花钱，你要自己付，因为是你驾驶的车上有炸弹。
怎么连这种钱都要斤斤计较。

为人民服务是我们的责任，不收拆弹费。

炸弹在什么地方？
在客车上，这是留在车上的信。

看来提示的内容是一道数学题，解开这道数学题应该就能知道真炸弹的位置了。

HOW博士，交给你了。

我已经知道答案了，请拆弹小组来拆炸弹吧！

真炸弹在哪里？

有人在客车座位底下装了炸弹，并留下一封提示信。根据信上的线索，HOW博士和拆弹小组能顺利解除炸弹的威胁吗？

1. 想想看，30张号码牌由小排到大，1在最上面，30在最下面。从这沓号码牌中，抽掉前面两张，把第三张放在桌上；再抽掉第四张、第五张，把第六张放在桌上。如此重复抽两张，放一张，直到手中的号码牌抽完为止。请问，留在桌上的号码牌是哪几个数字？

2. 根据上题，用留在桌上的号码牌由小排到大，再重复前面抽两张，放一张的操作，直到手中的号码牌抽完为止。请问，留在桌上的号码牌是哪几个数字？

3. 第1题和第2题中，最后留在桌上的号码牌，分别是什么数字的倍数？

谜题大公开

用漫画中的号码牌重复做排序然后抽一张、放一张的操作，会发现桌上留下的号码牌都是2的N（$N \geqslant 1$）次方可以整除的数字。第一次是2的1次方，第二次是2的2次方（$2^2=2\times2$），第三次、第四次、第五次分别是2^3（$2^3=2\times2\times2$）、2^4（$2^4=2\times2\times2\times2$）、$2^5$（$2^5=2\times2\times2\times2\times2$）。第88页第1题中，由于重复做抽两张，放一张的操作，所以桌上留下的号码牌，应是3的N（$N \geqslant 1$）次方可以整除的数字。

解答：① 3、6、9、12、15、18、21、24、27、30。 ② 9、18、27。 ③ 第一题是3的倍数，第二题是9的倍数。

夜市捞鱼

捞金鱼
好久没捞鱼了，我们来比赛捞鱼吧！
我一定是第一！
太幸运了，一下就捞到1条鱼。
呵呵，我也是。
一次捞2条，厉害吧！
警长总算有个能赢大家的长处。
没礼貌，怎么这么说话。
唉，1条也没捞到。
我也是。
我小时候很会捞金鱼，没想到长大不行了。

捞不到鱼没关系，只要解出纸板上的题目，就能获得3条金鱼。
总共有35条鱼，要分给A、B、C三个人。
A占$\frac{1}{2}$；
B得$\frac{1}{4}$；
C取走$\frac{2}{9}$。
只有35条鱼，不管是乘$\frac{1}{2}$、$\frac{1}{4}$或$\frac{2}{9}$，都不能得到整数啊！
就算把鱼切成小块，也很难公平分配吧！
分配时，不能伤害任何一条鱼，也不能把鱼送给其他人。
老板太没诚意，出这种无解的题目。
那就有解了！
我刚好捞到1条鱼，借你们分，这样加起来一共36条。
36条就能分给三个人了。
把鱼借给我们？那要还吗？

如何将35条鱼分给三个人？

夜市老板出了一道题目，要将35条鱼按一定比例分给三个人，分配时，不能伤害任何一条鱼，也不能把鱼送人，究竟要怎么分才正确呢？

“通分”是指将不同分母的分数，分别化为同分母的分数。

方法是：

①找出不同分母的最小公倍数；

②把各分数化成以最小公倍数为分母的分数。

1 请将正确的数字填到下面横线上。

（1）请求出下列数字的最小公倍数。

5、7的最小公倍数是：________

2、4的最小公倍数是：________

6、9的最小公倍数是：________

（2）请将$\frac{2}{3}$、$\frac{3}{5}$化成以最小公倍数15为分母的分数。

$\frac{2}{3}=\frac{(\ \ )}{15}$ $\frac{3}{5}=\frac{(\ \ )}{15}$

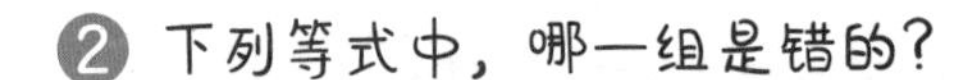

2 下列等式中，哪一组是错的？

（1）$\frac{2}{5}=\frac{14}{35}$ $\frac{1}{7}=\frac{5}{35}$

（2）$\frac{1}{2}=\frac{3}{6}$ $\frac{1}{4}=\frac{2}{6}$

（3）$\frac{1}{6}=\frac{3}{18}$ $\frac{2}{9}=\frac{4}{18}$

3 请将正确的数字填到下面横线上。

（1）2、4、9的最小公倍数是：__________

（2）$\frac{1}{2}+\frac{1}{4}+\frac{2}{9}=$__________

谜题大公开

我们计算长度时，要将不同计量单位的读数，换成相同单位，例如：

1 m+50 cm =100 cm+50 cm =150 cm

做分数的加、减法时，也需要将分母化成一样的数字，才能进行计算。绝不可以分母加分母、分子加分子，如：$\frac{1}{2}+\frac{1}{4}\neq\frac{1+1}{2+4}=\frac{2}{6}$。

正确解法是先通分再加减：$\frac{1}{2}+\frac{1}{4}=\frac{2}{4}+\frac{1}{4}=\frac{3}{4}$。

解答：❶（1）35　4　18　（2）$\frac{2}{3}=\frac{10}{15}$　$\frac{3}{5}=\frac{9}{15}$　❷（2）组。❸（1）36　（2）$\frac{35}{36}$

暗藏玄机的地砖

二十年前被偷走的名画找到了！小偷将名画挂在郊外的别墅里，但是别墅有四间房，全都挂着相同的画。

当年的小偷已经得了失忆症，家属只听小偷说过，真迹藏在最特别的房间里。怎么办呢？

但这些房间竟然一模一样，怎么找呢？
明明地砖图案就不一样！
看来玄机应该在地板上，先用相机拍下地板吧！

顺便也把名画拍下来!
我去拍。
我来把拍好的照片标上编号。
大家一人拿一张，看看哪里不一样吧!
1号房
2号房
3号房
4号房
看得我眼睛都花了。
我请你们找真迹，怎么都在看地板?地砖图案是哪位大师的作品吗?

真迹在哪里？

画廊的名画失而复得，但名画真迹与赝品分别挂在别墅的四间房里。HOW博士有办法根据地砖图案找出真迹吗？

地砖图案能告诉我们真迹在哪里。
真迹和地砖图案有什么关联？
12
13

常见的地砖图案，是用一种以上的多边形，按照某种规律拼贴，排列出具有对称性的图案，并且每个顶点连接的多边形规律是一样的。就像1号房的地砖，每个顶点都连接了两个正方形、一个正三角形和一个正六边形。

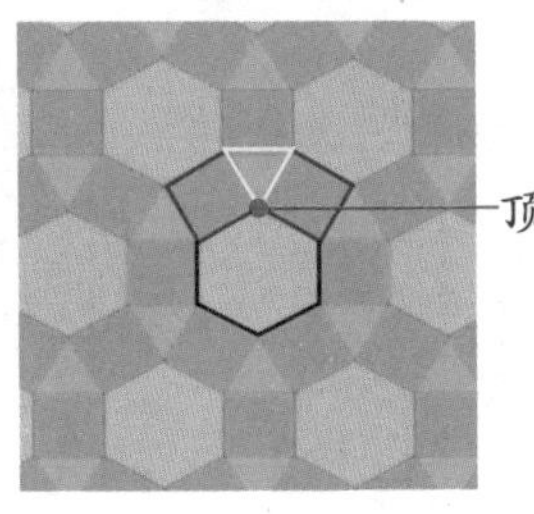

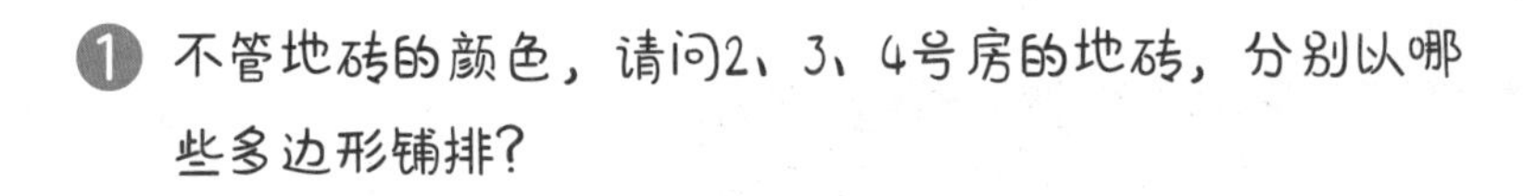

❶ 不管地砖的颜色，请问2、3、4号房的地砖，分别以哪些多边形铺排？

❷ 请问2、3号房的地砖，每个顶点被哪些多边形围绕？

❸ 4号房地砖的每个顶点都被相同数量的菱形围绕吗？

谜题大公开

4号房地砖图案是“彭罗斯铺砖 ”中的一种。彭罗斯（Roger Penrose）是英国数学物理学家，他发现风筝图和飞镖图能以非规律的方式，生成美丽、变化无穷的图案。他还设计出了其他形状的非规律铺砖图。

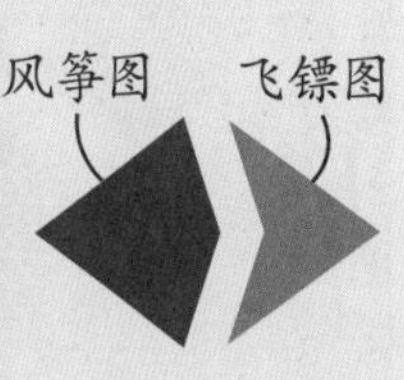

解答：❶ 2号房：正方形和八边形。3号房：正方形和三角形。4号房：两种夹角不同的菱形。 ❷ 2号房：两个八边形和一个正方形。3号房：两个正方形和三个三角形。 ❸ 不是。

循环楼梯转圈圈

我想请你做一款无限循环的楼梯，这是设计图。
乙方木匠签名：

我赶时间，一个月后要用，若你在规定时间内完成，我付你100万酬劳；但在规定时间内你做不出来的话，你就要赔给我100万。如果同意的话，在合同上签字吧！

没问题，做楼梯难不倒我！

几天后……
惨了，做不出来！只好找HOW博士来帮忙了。
HOW博士，有人委托我做无限循环的楼梯，做不出来就得赔100万。我试了很多次，不管怎么调整，楼梯的头尾就是接不起来，有办法修改吗？

这楼梯也太贵了吧？
都怪我太贪心，看到100万，马上在合同上签了字。

楼梯看起来很普通，为什么做不出来？
会有无限循环的楼梯吗？好像哪里怪怪的？
我好像在电影里看过这种楼梯。

无限循环的楼梯存在吗?

木匠被委托做无限循环的楼梯，如果做不出来，就要赔委托人100万元。HOW博士要怎么解决木匠的难题呢?

❶ 如下图，木匠做的楼梯有最高点和最低点，且第一阶比最后一阶低，无法首尾相接一直循环。请问，漫画里设计图中的无限循环的楼梯找得到最高点和最低点吗?

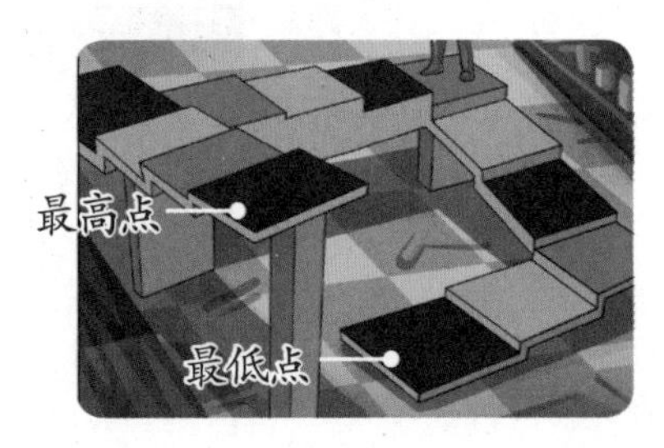

❷ 想想看，从哪个角度看上题中的楼梯，可以利用阶梯线条，让眼睛产生阶梯相连的错觉?

谜题大公开

这个无限循环的楼梯被称为“彭罗斯阶梯”，是英国数学物理家罗杰·彭罗斯与其父亲莱昂内尔·彭罗斯于1958年提出来的。“彭罗斯阶梯”找不到最高与最低点，在现实生活中不可能存在。不过，有一种无限循环的路径，倒是可以做出来，那就是“莫比乌斯带”。“莫比乌斯带”是将长条纸的一端翻转180°后，将头、尾两端粘起来，形成只有单面的纸带圈。“莫比乌斯带”没有尽头，可以一直走下去。

解答：❶ 无限循环的楼梯没有最高点和最低点。 ❷ 答案见漫画内文。

版贸核渝字（2023）第 080 号

本书中文繁体字版本由康轩文教事业股份有限公司在中国台湾出版，今授权重庆市天下图书有限责任公司（重庆出版社有限责任公司旗下子公司）在中国大陆地区出版其中文简体字平装本版本。该出版权受法律保护，未经书面同意，任何机构与个人不得以任何形式进行复制、转载。
项目合作：锐拓传媒 copyright@rightol.com

图书在版编目（CIP）数据

数学小侦探．4，帽子村的嘉年华会 / 杨嘉慧著；刘俊良绘．— 重庆 ：重庆出版社，2023.12
ISBN 978-7-229-18156-7

Ⅰ．①数… Ⅱ．①杨… ②刘… Ⅲ．①数学—少儿读物 Ⅳ．① O1-49

中国国家版本馆 CIP 数据核字（2023）第 214089 号

数学小侦探 4 · 帽子村的嘉年华会
SHUXUE XIAOZHENTAN 4 · MAOZICUN DE JIANIANHUAHUI

杨嘉慧 / 著　　刘俊良 / 绘

责任编辑：李　梁　谢　菁
装帧设计：王一尧　陶　莉

重庆出版集团
重 庆 出 版 社 出版

（重庆市南岸区南滨路 162 号 1 幢　邮编：400061）
重庆升光电力印务有限公司印刷
重庆市天下图书有限责任公司发行　http://www.21txbook.com
（重庆市渝北区余松西路 155 号两江春城春玺苑写字楼 2 栋 14 楼　邮编：401147）
咨询电话：（023）63020615　13883623482

开本：787mm × 1092mm　1/16　印张：6.5　字数：125 千
版次：2024 年 1 月第 1 版　印次：2024 年 1 月第 1 次印刷
书号：ISBN 978-7-229-18156-7
定价：54.80 元

如有印装质量问题，请向重庆市天下图书有限责任公司调换：（023）63658950
